中国古建全集

金盘地产传媒有限公司 策划
广州市唐艺文化传播有限公司 编著

园林建筑

分为皇家园林、私家园林、风景名胜三个类别，全面涵盖北方、西南、江南、岭南区域，将园林建筑设计如何把建筑作为一种风景，使之和周围的山水、岩石、树木等融为一体共同构成优美景色的方方面面，做出详细的阐述。

中国林业出版社
China Forestry Publishing House

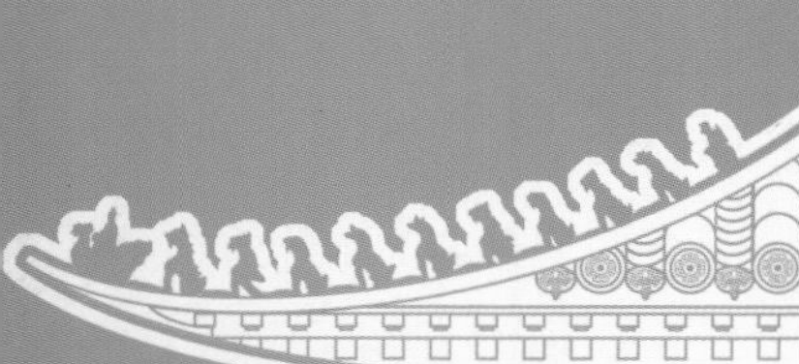

前言

每一座古建筑都有它独特的形式语言，现代仿古建筑、新中式风格流行的市场环境，让这些建筑语言受到了很多人的追捧，但是如果开发商或者设计师只是模仿古建筑的表面形式，是很难把它们的精髓完全掌握的，只有真正了解这些建筑背后的传统文化，才能打造出引人共鸣、触动心灵的建筑。

本书从这一点着手，试图通过全新的图文形式，再次描摹我们老祖宗留下来的这些文化遗产。全书共十本一套，选取了220余个中国古建筑项目，所有实景都是摄影师从全国各地实拍而来，所涉及的区域之广、项目之全让我们从市场上其他同类图书中脱颖而出。我们通过高清大图结合详细的历史文化背景、建筑装饰设计等文字说明的形式，试图梳理出一条关于中国古建筑设计和文化的脉络，不仅让专业读者可以更好地了解其设计精髓，也希望普通读者可以在其中了解更多古建筑的历史和文化，获得更多的阅读乐趣。

全书主要是根据建筑的功能进行分类，一级分类包括了居住建筑、城市公共建筑、皇家建筑、宗教建筑、祠祀建筑和园林建筑；在每一个一级分类下，又将其细分成民居、大院、村、寨、古城镇、街、书院、钟楼、鼓楼、宫殿、王府、寺、塔、道观、庵、印经院、坛、祠堂、庙、皇家园林、私家园林、风景名胜等二级分类；同时我们还设置了一条辅助暗线，将所有的项目编排顺序与其所在的不同区域进行呼应归类。

而在具体的编写中，我们则将每一建筑涉及到的历史、科技、艺术、音乐、文学、地理等多方面的特色也重点标示出来，从而为读者带来更加新颖的阅读体验。本书希望以更加简明清晰的形式让读者可以清楚地了解每一类建筑的特色，更好地将其运用到具体的实践中。

古人曾用自己的纸笔有意无意地记录下他们生活的地方，而我们在这里用现代的手段去描绘这些或富丽、或精巧、或清幽、或庄严的建筑，它们在几千年的历史演变中，承载着中国丰富而深刻的传统思想观念，是民族特色的最佳代表。我们希望这本书可以成为读者的灵感库、设计源，更希望所有翻开这本书的人，都可以感受到这本书背后的诚意，了解到那些独属于中国古建和传统文化的故事！

导语

中国古建筑主要是指1911年以前建造的中国古代建筑，也包括晚清建造的具有中国传统风格的建筑。一般来说，中国古建筑包括官式建筑与民间建筑两大类。官式建筑又分为设置斗拱、具有纪念性的大式建筑，与不设斗拱、纯实用性的小式建筑两种。官式建筑是中国古代建筑中等级较高的建筑，其中又分为帝王宫殿与官府衙署等起居办公建筑；皇家苑囿等园林建筑；帝王及后妃死后归葬的陵寝建筑；帝王祭祀先祖的太庙、礼祀天地山川的坛庙等礼制建筑；孔庙、国子监及州学、府学、县学等官方主办的教育建筑；佛寺、道观等宗教建筑多类。民间建筑的式样与范围更为广泛，包括各具地方特色的民居建筑；官僚及文人士大夫的私家园林；按地方血缘关系划分的宗祠建筑；具有地方联谊及商业性质的会馆建筑；各地书院等私人教育性建筑；位于城镇市井中的钟楼、市楼等公共建筑；以及城隍庙、土地庙等地方性宗教建筑，都属于中国民间古建筑的范畴。

中国古建筑不仅包括中国历代遗留下来的有重要文物与艺术价值的构筑，也包括各个地区、各个民族历史上建造的具有各自风格的传统建筑。古代中国建筑的历史遗存，覆盖了数千年的中国历史，如汉代的石阙、石墓室；南北朝的石窟寺、砖构佛塔；唐代的砖石塔与木构佛殿等等。唐末以来的地面遗存中，砖构、石构与木构建筑保存的很多。明清时代的遗构中，更是完整地保存了大量宫殿、园林、寺庙、陵寝与民居建筑群，从中可以看出中国建筑发展演化的历史。同时，中国是一个多民族的国家，藏族的堡寨与喇嘛塔，维吾尔族的土坯建筑，蒙古族的毡帐建筑，西南少数民族的竹楼、木造吊脚楼，都是具有地方与民族特色的中国古建筑的一部分。

古建筑演变史

中国古建筑的历史，大致经历了发生、发展、高潮与延续四个阶段。一般来说，先秦时代是中国古建筑的孕育期。当时有活跃的建筑思想及较宽松的建筑创造环境。尤其是春秋战国时期，各诸侯国均有自己独特的城市与建筑。秦始皇一统天下后，曾经模仿六国宫室于咸阳北阪之上，反映了当时建筑的多样性。秦汉时期是中国古建筑的奠基期。这一时期建造了前所未有的宏大都城与宫殿建筑，如秦代的咸阳阿房前殿，“上可以坐万人，下可以建五丈旗，周驰为阁道，自殿下直抵南山，表南山之巅以为阙”，无论是尺度还是气势，都十分雄伟壮观。汉代的未央、长乐、建章等宫殿，均规模宏大。

魏晋南北朝时期，是中外交流的活跃期，中国古建筑吸收了许多外来的影响，如琉璃瓦的传入、大量佛寺与石窟寺的建造等。隋唐时期，中外交流与融合更达到高潮，使唐代建筑呈现了质朴而雄大的刚健风格。

如果说辽人更多地承续了唐风，宋人则容纳了较多江南建筑的风韵，更显风姿卓约。宋代建筑的造型趋向柔弱纤秀，建筑中的曲线较多，室内外装饰趋向华丽而繁细。宋代的

彩画种类，远比明清时代多，而其最高规格的彩画——五彩遍装，透出一种“雕焕之下，朱紫冉冉”的华贵气氛。在建筑技术上，宋代已经进入成熟期，出现了《营造法式》这样的著作。建筑的结构与造型，成熟而典雅。

到了元代，中国古建筑受到新一轮的外来影响，出现如磨石地面、白琉璃瓦屋顶，及棕毛殿、维吾尔殿等形式。但随之而来的明代，又回到中国古建筑发展的旧有轨道上。明清时代，中国古建筑逐渐走向程式化和规范化，在建筑技术上，对于结构的把握趋于简化，掌握了木材拼接的技术，对砖石结构的运用，也更加普及而纯熟；但在建筑思想上，则趋于停滞，没有太多创新的发展。

中西古建筑差异

在世界建筑文化的宝库中，中国古建筑文化具有十分独特的地位。一方面，中国古建筑文化保持了与西方建筑文化（源于希腊、罗马建筑）相平行的发展；另一方面，中国古建筑有其独树一帜的结构与艺术特征。

世界上大多数建筑都强调建筑单体的体量、造型与空间，追求与世长存的纪念性，而中国古建筑追求以单体建筑组合成的复杂院落，以深宅大院、琼楼玉宇的大组群，创造宏大的建筑空间气势。所以，如梁思成先生的巧妙比喻，“西方建筑有如一幅油画，可以站在一定的距离与角度进行欣赏；而中国古建筑则是一幅中国卷轴，需要随时间的推移慢慢展开，才能逐步看清全貌”。

中国古建筑文化中，以现世的人居住的宫殿、住宅为主流，即使是为神佛建造的道观、佛寺，也是将其看作神与佛的住宅。因此，中国古建筑不用骇人的空间与体量，也不追求坚固久远。因为，以住宅为建筑的主流，建筑在平面与空间上，大都以住宅为蓝本，如帝

王的宫殿、佛寺、道观，甚至会馆、书院之类的建筑，都以与住宅十分接近的四合院落的形式为主。其单体形式、院落组合、结构特征都十分接近，分别只在规模的大小。

中国古代建筑中，除了宫殿、官署、寺庙、住宅外，较少像古代或中世纪西方那样的公共建筑，如古希腊、罗马的公共浴场、竞技场、图书馆、剧场；或中世纪的市政厅、公共广场，以及较为晚近的歌剧院、交易所等。这是因为古代中国文化是建立在农业文明基础之上，较少有对公共生活的追求；而古希腊、罗马、中世纪及文艺复兴以来的欧洲城市，则是典型的城市文明，倾向于对公共领域建筑空间的创造。这一点也正体现了中国古代建筑文化与希腊、罗马及西方中世纪建筑文化的分别。

古建结构特色

古建筑是一门由大量物质堆叠而成的艺术。古建筑造型及空间艺术之基础，在于其内在结构。中国古建筑的主流部分是木结构。无论是宫殿、宗庙，或陵寝前的祭祀殿堂，还是散落在名山大川的佛寺、道观，或民间的祠堂、宅舍等，甚至一些高层佛塔及体量巨大的佛堂，乃至一些桥梁建筑等，都是用纯木结构建造的。

中国传统的木结构，是一种由柱子与梁架结合而成的梁柱结构体系，又分为抬梁式、穿斗式、干栏式与井干式四种形式，而以抬梁式与穿斗式结构最为多见。

早在秦汉时期的中国，就已经发展了砖石结构的建筑。最初，砖石结构主要用于墓室、陵墓前的阙门及城门、桥梁等建筑。南北朝以后出现了大量砖石建造的佛塔建筑。这种佛塔在宋代以后渐渐发展成“砖心木檐”的砖木混合结构的形式。隋代的赵州大石桥，在结构与艺术造型上都达到了很高的水平。砖石结构大量应用于城墙、建筑台基等是五代以后的事情。明代时又出现了许多砖石结构的殿堂建筑——无梁殿。

传统中国古建筑中，还有一种独具特色的结构——生土建筑。生土建筑分版筑式与窑洞式两种，分布在甘肃、陕西、山西、河南的大量窑洞式建筑，至今还具有很强的生命力。生土建筑以其节约能源与建筑材料、不构成环境污染等优势，被现代建筑师归入“生态建筑”的范畴。

三段式建筑造型

传统中国古建筑在单体造型上讲究比例匀称，尺度适宜。以现存较为完整的明清建筑为例，明清官式建筑在造型上为三段式划分：台基、屋身与屋顶。建筑的下部一般为一个砖石的台基，台基之上立柱子与墙，其上覆盖两坡或四坡的反宇式屋顶。一般情况下，屋顶的投影高度与柱、墙的高度比例约在1：1左右。台基的高度则视建筑的等级而有不同变化。

“方圆相涵”的比例

大式建筑中，在柱、墙与屋顶挑檐之间设斗拱，通过斗拱的过渡，使厚重的屋顶与柱、墙之间，产生一种不即不离的效果，从而使屋顶有一种飘逸感。宋代建筑中，十分注意柱子的高度与柱上斗拱高度之间的比例。宋《营造法式》还明确规定“柱高不逾间之广”，也就是说，柱子的高度与开间的宽度大致接近，因而，使柱子与开间形成一个大略的方形，则檐部就位于这个方形的外接圆上，使得屋檐距台基面的高度与柱子的高度之间，处于一种微妙的“方圆相涵”的比例关系。

中国古建筑既重视大的比例关系，也注意建筑的细部处理。如台明、柱础的细部雕饰，额方下的雀替，额方在角柱上向外的出头——霸王拳，都经过细致的雕刻。额方之上布置精致的斗拱。檐部通过飞椽的巧妙翘曲，使屋顶产生如《诗经》“如翚斯飞”的轻盈感，屋顶正脊两端的鸱吻，四角的仙人、走兽雕饰，都使得建筑在匀称的比例中，又透出一种典雅与精致的效果。

台基

台基分为两大类：普通台基和须弥座台基。普通台基按部位不同分为正阶踏跺、垂手踏跺和抄手踏跺，由角柱石、柱顶石、垂带石、象眼石、砚窝石等构件组成。须弥座从佛像底座转化而来，意为用须弥山来做座，象征神圣高贵。须弥座台基立面上的突出特征是有叠涩，从内向外一层皮一层皮的出跳，有束腰，有莲瓣，有仰、覆莲，再下面还有一个底座。在重要的建筑如宫殿、坛庙和陵寝，都采用须弥座台基形式。

屋顶

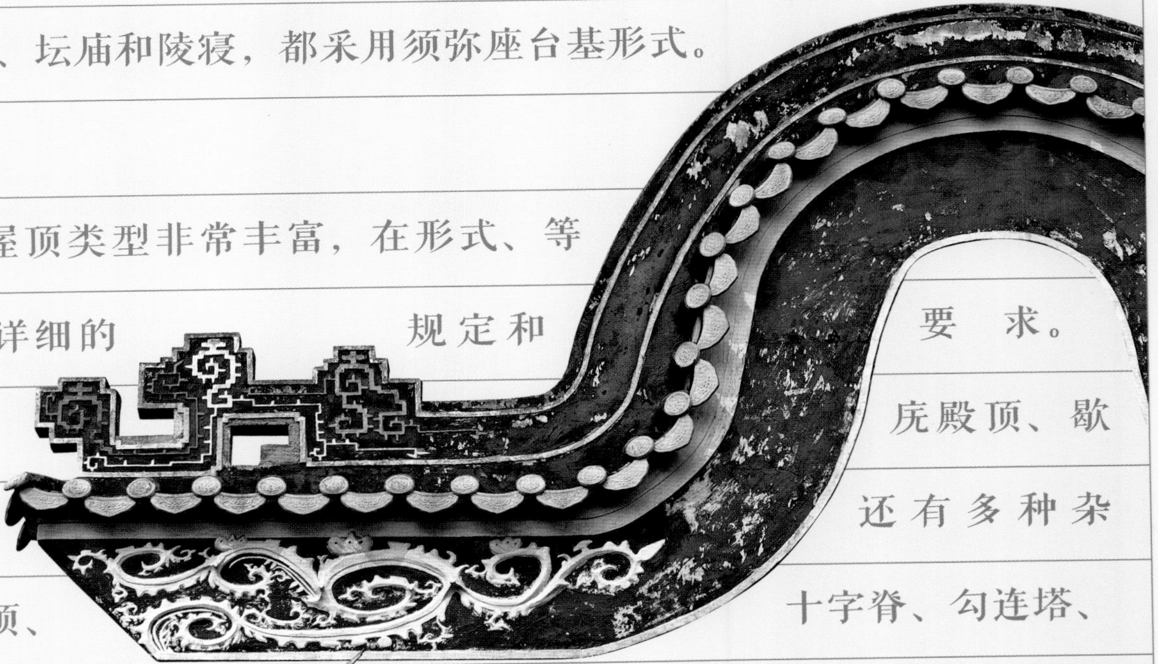

中国古代木构建筑的屋顶类型非常丰富，在形式、等级、造型艺术等方面都有详细的规定和要求。最基本的屋顶形式有四种：庑殿顶、歇山顶、悬山顶和硬山顶。还有多种杂式屋顶，如四方攒尖、圆顶、十字脊、勾连塔、工字顶、盔顶、盝顶等，可根据建筑平面形式的变化而选用，因而形成十分复杂、造型奇特的屋顶组群，如宋代的黄鹤楼和滕王阁，以及明清紫禁城角楼等都是优美屋顶造型的代表作。为了突出重点，表示隆重，或者是为了增加园林建筑中的变化，还可以将上述许多屋顶形式做成重檐（二层屋檐或三层屋檐紧密地重叠在一起）。明清故宫的太和殿和乾清宫，便采用了重檐庑殿屋顶以加强帝王的威严感；而天坛祈年殿则采用三重檐圆形屋顶，创造与天接近的艺术气氛。

古建筑布局

中国古代建筑具有很高的艺术成就和独特的审美特征。中国古建筑的艺术精粹，尤其体现在院落与组群的布局上。有别于西方建筑强调单体的体量与造型，中国古建筑的单体变化较小，体量也较适中，但通过这些似乎相近的单体，中国人创造了丰富多变的庭院空间。在一个大的组群中，往往由许多庭院组成，庭院又分主次：主要的庭院规模较大，居于中心位置，次要的庭院规模较小，围绕主庭院布置。建筑的体量，也因其所在的位置而不同，而古代的材分（宋代模数）制度，恰好起到了在一个建筑组群中，协调各个建筑之间体量关系的有机联系。居于中心的重要建筑，用较高等级的材分，尺度也较大；居于四周的附属建筑，用较低等级的材分，尺度较小。有了主次的区别，也就有了整体的内在和谐，从而造出“庭院深深深几许”的诗画空间和艺术效果。

色彩与装饰

中国古建筑还十分讲究色彩与装饰。北方官式建筑，尤其是宫殿建筑，在汉白玉台基上，用红墙、红柱，上覆黄琉璃瓦顶，檐下用冷色调的青绿彩画，正好造成红墙与黄瓦之间的过渡，再衬以湛蓝的天空，使建筑物透出一种君临天下的华贵高洁与雍容大度的艺术氛围。而江南建筑用白粉墙、灰瓦顶、赭色的柱子，衬以小池、假山、漏窗、修竹，如小家碧玉一般，别有一番典雅精致的艺术效果。再如中国古建筑的彩画、木雕、琉璃瓦饰、砖雕等，都是独具特色的建筑细部，这些细部处理手法，又因不同地区而有各种风格变化。

古建筑哲匠

中国古代建筑以木结构为主，着重榫卯联接，因而追求结构的精巧与装饰的华美。所以，有关中国古建筑的记述，十分强调建筑匠师的巧思，所谓“鬼斧神工”、“巧夺天工”，这些词常被用来描述古代建筑令人惊叹的精妙。

中国古代历史上，有关能工巧匠的记载不绝于史。老百姓最耳熟能详的是鲁班。鲁班几乎成了中国古代匠师的代名词。现存古建筑中，凡是结构精巧、构造奇妙、装饰精美的例子，人们总是传说这是鲁班显灵，巧加点拨的结果。历史上还有不少有关鲁班发明各种木工器具、木人木马等奇妙器械的故事。

见于史书记载的著名哲匠还有很多，如南北朝时期北朝的蒋少游，他仅凭记忆就将南朝华丽的城市与宫殿形式记忆下来，在北朝模仿建造。隋代的宇文凯一手规划隋代大兴城（即唐代长安城）与洛阳城，都是当时世界上最宏大的城市。宋代著名匠师喻皓设计的汴梁开宝寺塔匠心独运。元代的刘秉忠是元大都的规划者；同时代来自尼泊尔的也黑叠尔所设计的妙应寺塔，是现存汉地喇嘛塔中最古老的一例。明代最著名的匠师是蒯祥，曾经参与明代宫殿建筑的营造。另外明代的计成是造园家与造园理论家。他写的《园冶》一书，为我们留下了一部珍贵的古代园林理论著作。与蒯祥相似的是清代的雷发达，他在清初重建北京紫禁城宫殿时崭露头角，此后成为清代皇家御用建筑师。当然还有中国现代著名建筑学家、建筑史学家和建筑教育家梁思成。这些名留青史的建筑哲匠和学者，真正反映了中国古建筑辉煌的一页。

古建筑与其他

中国古建筑具有悠久的历史传统和光辉的成就。我国古代的建筑艺术也是美术鉴赏的重要对象，而中国古代建筑的艺术特点是多方面的。比如从文学作品、电影、音乐等中，均可以感受到中国建筑的气势和优美。例如初唐诗人王勃的《滕王阁序》，还有唐代杜牧的《阿房宫赋》、张继的《枫桥夜泊》、刘禹锡的《乌衣巷》，北宋范仲淹的《岳阳楼记》以至近代诗人卞之琳的《断章》等，都叫人赞叹不绝，让大家从文学中领会中国古建筑的瑰丽。

目录

园林建筑之皇家园林

北京颐和园 20
河北承德避暑山庄 56
西藏拉萨罗布林卡 86

园林建筑之私家园林

江苏苏州狮子林 108
江苏苏州留园 122
江苏苏州拙政园 136
江苏苏州沧浪亭 154
上海豫园 164

广东广州宝墨园 188
广东广州余荫山房 212
广东顺德清晖园 228
广东东莞可园 246
广东佛山梁园 260

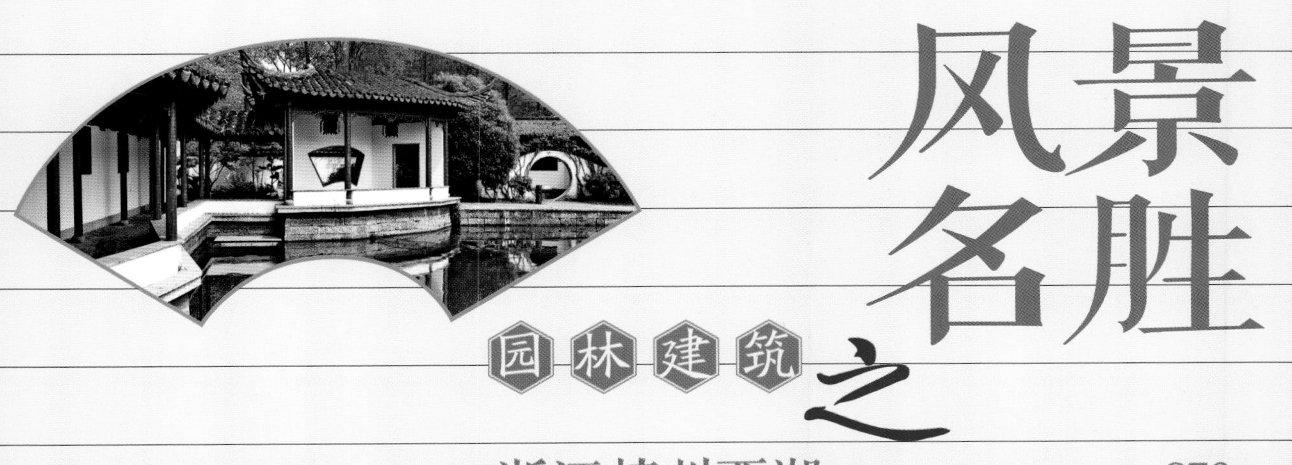

园林建筑之风景名胜

浙江杭州西湖 276
浙江温州泰顺北涧桥 296
广西独洞乡邑团桥 306
贵州黎平县地坪风雨桥 316

园林

中国古建全集
建筑

园林是我国古代建筑的一种重要类型。我国有数千年造园史，古人均以建筑、掇山、理水、花木为造景手段，摄取自然山水的精华，同时又注入传统文化元素的审美情趣，讲求意境之美。园林建筑是我国古典园林造景四大手段之一，其形式有殿、堂、厅、轩、馆、楼、阁、榭、舟、舫、亭、廊等，具有使用和观赏的双重作用，又与山石、水画、花木共同组成风景画面，在局部景区中一般是构图的中心和主体。

其中，殿是皇家园林中独有的建筑形式，供皇帝游园时居住或处理政事使用，与皇宫中的殿有所不同。设在园林中的殿多与地形、山石及自然环境相结合，根据地形灵活布局，整体呈现出庄重而富有变化的园林气氛。堂是皇家园林和私家园林中较为常见的建筑形制。皇家园林中的堂，形式上比殿灵活，布局形式分厅堂居中式和开敞式两种。私家园林中的堂在园林中多占主体地位，堂与厅的形制大致相同，结构类似，二者均具有观赏园林中的景色、招待客人等功能，二者之间的区别在于梁架使用长方形木料的称为厅，梁架使用圆形木料的为堂。一般堂装修较为华丽，面阔三间至五间不等。厅的形式多样，常见的有四面厅、鸳鸯厅、花厅、荷花厅等。

不论园林建筑形式怎么多变，其布局、设计理念呈现出以下几点：

一、布局形式不强调中轴对称，讲究因地制宜、自然天成、曲折多变，与自然相融，充分利用自然地形、地貌，显示出人与自然和谐统一的特征。

二、轻灵通透的空间形式。以通透为美是我国传统审美观念，而木构架作为传统建筑结构形式极易产生轻灵通透的空间感。在园林建筑中，厅、台、楼、阁、榭、亭、廊、舫等建筑形式，结合自然景观，营造出流动的空间，自然之景与千姿百态的建筑形式交相辉映，共同营造出园林美的意境。

三、以人为本的营造理念。以人为本的理念，体现在园林之中就是“可望、可行、可游、可居”。可望，需要筑厅堂、亭台、水榭，堆叠山石，种植花木，创造可供观赏、游览的景观；可行，需要修廊桥、园径、甬道，便于行走；可游，要有可供垂钓、泛舟、吟咏、设宴、歌舞的场所；可居就必须有书斋、寝室和用膳的厅堂楼馆。以人为本的理念还使园林建筑的一切构成因素，如形式、构图、尺度、风格、节奏等，都要使人便于居住、游玩。

本章的园林建筑分为皇家园林、私家园林、风景名胜三个类别，全面涵盖北方、西南、江南、岭南区域，将园林建筑设计中如何把建筑作为一种风景，使之和周围的山水、岩石、树木等融为一体，共同构成优美景色，做出详细的阐述。

皇家园林

皇家园林是中国最早出现的古典园林，历史上每个朝代几乎都有皇家园林的设置。皇家园林属于皇帝个人和皇室所私有，尽管大多是利用自然山水加以改造而成，但在营造如画的风景的同时更要显示皇家的气派。皇帝利用政治上的特权和经济上的雄厚财力，占据大片的土地来营造园林供一己享用，其规模之大远非私家园林可比，一般少则几百公顷，大的幅员几万公顷，气势宏伟，包罗万象。

历史上最早的、有信史可证的皇家园林是公元前11世纪商朝末代帝王殷纣所建的“沙丘苑台”和周朝开国帝王周文王所建的“灵囿”、“灵台”、“灵沼”。其后著名的宫苑有秦汉时期的上林苑、汉朝的甘泉苑、魏晋时期的华林苑、隋朝的洛阳西苑、唐朝的长安禁苑、宋朝的艮岳等。此后历代王朝都有修建宫苑，但都毁于战争。

皇家园林作为皇家生活环境的一个重要组成部分，渗透着帝王至上、皇权至尊的理念，形成了有别于其他园林类型的特色：

一、规模浩大、面积广阔、建设恢宏、金碧辉煌，尽显帝王气派；

二、景区范围更大，景点更多，景观也更丰富，并以真山真水为造园要素，所以更重视选址，造园手法近于写实；

三、功能内容和活动规模都比私家园林丰富和盛大得多，几乎都附有宫殿，布置在园林的主要入口处，用于听政，园内还有居住用的殿堂。其主要功能是集处理政务、寿贺、看戏、居住、园游、祈祷以及观赏、狩猎于一体；

四、风格侧重于富丽，渲染出一片皇家气象。造型也比较庄重，与江南私家园林轻灵秀美的作风不同；

五、布局追求意境的构成方式，历史上的皇家园林，先后出现过灵台灵沼、海岛仙山、摹写名胜、林泉丘壑、田园村舍、梵刹琳宇等诸多类型，有的在建筑的演变过程中被转化，有的一直被沿用下来。

简而言之，皇家地位的尊贵是不可动摇的，在园林建造手法上，可以说是专横跋扈的，于是，在园林设计中表现为淋漓尽致的施展和无限的追求。在轴线、对称和中心上，坚定不移地走轴线与对称的道路。在分景与围合上，采用实墙厚景和高墙的形式。在框景、对景和漏景上，运用得非常多。在道路材质上，多采用砖、瓦、石等材料的拼花。在建筑上，主要表现在类型、布局、数量、体量等方面。

清代皇家园林在有山有水的总体布局中，非常注重由园林建筑起控制和主体作用，也注重景点的题名，形成山水园林与建筑宫苑相结合的明显特点。本章介绍最具有代表性的是北京西郊的颐和园和西藏拉萨罗布林卡。

北京颐和园

殿阁嵯峨接帝京
阿房当日苦经营
只今犹听宫墙水
耗尽民膏是此声

颐和园

颐和园集传统造园艺术之大成，借景于周围的山水环境，饱含中国皇家园林的恢弘富丽气势，又充满自然之趣，高度体现了“虽由人作，宛自天开”的造园准则。其布局多以对称为主，庄重严肃，充分显示皇家的气派和权力；建筑风格多种多样，气势恢宏，集我国各地建筑特色于一体。其中体现出的铸造雕刻技术也是一流水平。

历史文化背景

颐和园，位于山水清幽、景色秀丽的北京西北郊，原名清漪园，始建于公元1750年，时值中国最后一个封建盛世——“康乾盛世”时期。乾隆皇帝为孝敬其母孝圣皇后动用448万两白银建清漪园，形成了从现清华园到香山长达20千米的皇家园林区。

1860年，在第二次鸦片战争中，清漪园被英法联军烧毁。1886年，清政府挪用海军军费等款项重修此园，并于两年后改名为颐和园，作为慈禧太后晚年的颐养之地。从此，颐和园成为晚清最高统治者在紫禁城之外最重要的政治和外交活动中心，也是中国近代历史的重要见证地与诸多重大历史事件的发生地。1898年，光绪帝曾在颐和园仁寿殿接见维新思想家康有为，询问变法事宜；变法失败后，光绪被长期幽禁在园中的玉澜堂。1900年，八国联军侵入北京，颐和园再遭洗劫。1902年清政府又对此园进行重修；清朝末年，颐和园成为中国最高统治者的主

要居住地，慈禧和光绪在这里坐朝听政、颁发谕旨、接见外宾。

1914 年，颐和园曾作为溥仪私产对外开放，1928 年南京国民政府内政部正式接收管理，颐和园成为国家公园正式对外开放。1961 年 3 月 4 日，颐和园被公布为第一批全国重点文物保护单位。1998 年 12 月 2 日，颐和园以其丰厚的历史文化积淀，优美的自然环境景观，卓越的保护管理工作被联合国教科文组织列入《世界遗产名录》，被誉为世界几大文明之一的有力象征。

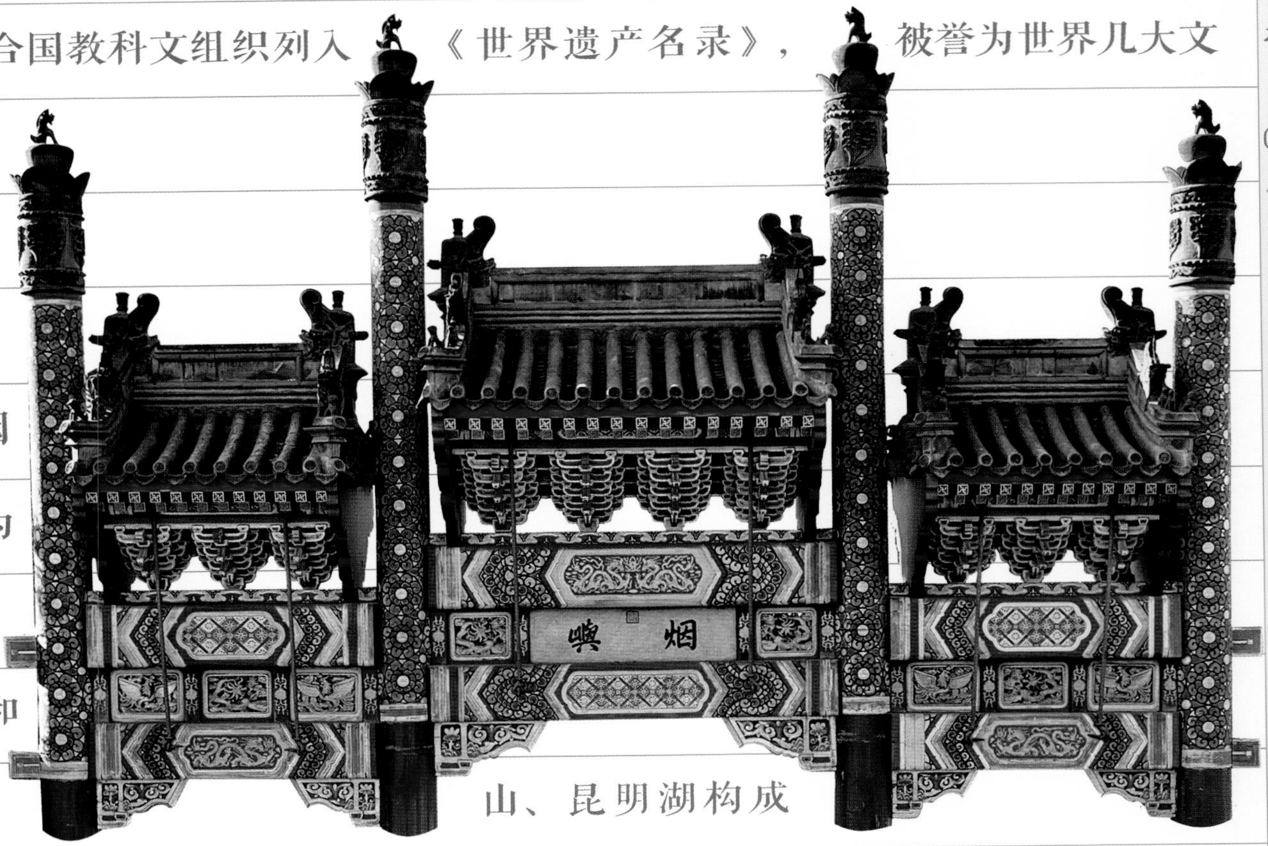

建筑布局

颐和园是皇家园林，布局多以对称为主，庄重严肃，充分显示出皇家的气派和权力。颐和园由万寿山、昆明湖构成其基本框架。园中主要景点大致分为三个区域：以庄重威严的仁寿殿为代表的政治活动区，是清朝末期慈禧与光绪从事内政、外交政治活动的主要场所；以乐寿堂、玉澜堂、宜芸馆等庭院为代表的生活区，是慈禧、光绪及后妃居住的地方；以长廊沿线、后山、西区组成的广大区域，是供帝后们澄怀散志、休闲娱乐的苑园游览区。

从总体布局来说，园内景观采取了圈形向心式的布局方式，中心景区为万寿山景区，其主体建筑为万寿山山顶上的佛香阁，它也是颐和园的标志建筑和全园的灵魂。

在万寿山南麓的中轴线上，金碧辉煌的佛香阁、排云殿建筑群起自湖岸边的云辉玉宇牌楼，经排云门、二宫门、排云殿、德辉殿、佛香阁，终至山颠的智慧海，重廊复殿，层叠上升，贯穿青琐，气势磅礴。巍峨高耸的佛香阁八面三层，踞山面湖，统领全园。蜿蜒曲折的西堤犹如一条翠绿的飘带，萦带南北，横绝天汉，堤上六桥，婀娜多姿，形态互异。烟波浩淼的昆明湖中，宏大的十七孔桥如长虹偃月倒映水面，涵虚堂、藻鉴堂、治镜阁三座岛屿鼎足而立，寓意着神话传说中的“海上仙山”。

设计特色

颐和园风格多种多样，气势恢宏，集我国各地建筑之特色于一体。其中体现出的铸造雕刻技术也是一流水平。颐和园的建筑风格吸收了中国各地建筑的精华，东部的宫殿区和内廷区，是典型的北方四合院风格，一个一个的封闭院落由游廊联通；南部的湖泊区是典型杭州西湖风格，一道“苏堤”把湖泊一分为二，十足的江南格调；万寿山的北面，是典型的西藏喇嘛庙宇风格，有白塔，有碉堡式建筑；北部的苏州街，店铺林立，水道纵通，又是典型的水乡风格。其造园手法上多种多样，风格迥异，融合多种建筑风格，可圈可点。

【史海拾贝】

颐和园是晚清最高统治者在紫禁城之外最重要的政治和外交活动中心，是中国近代历

史的重要见证地与诸多重大历史事件的发生地。北京的第一盏电灯就是在颐和园亮起。光绪十六年（1890 年），颐和园东宫门外右侧建一小型发电厂，称“颐和园电灯公所”，供给颐和园电灯照明。该所与城内“西苑电灯公所”同为北京最早的发电设施。光绪二十六年（1900 年）八国联军入侵北京，西苑、颐和园电灯公所两套发电机组及电灯设备均被毁坏。1902 年，清政府筹银 12.49 万两重修西苑与颐和园两处电力设施。光绪三十年（1904 年），西苑电灯公所恢复发电；同年五月，电灯重新在颐和园亮了起来。

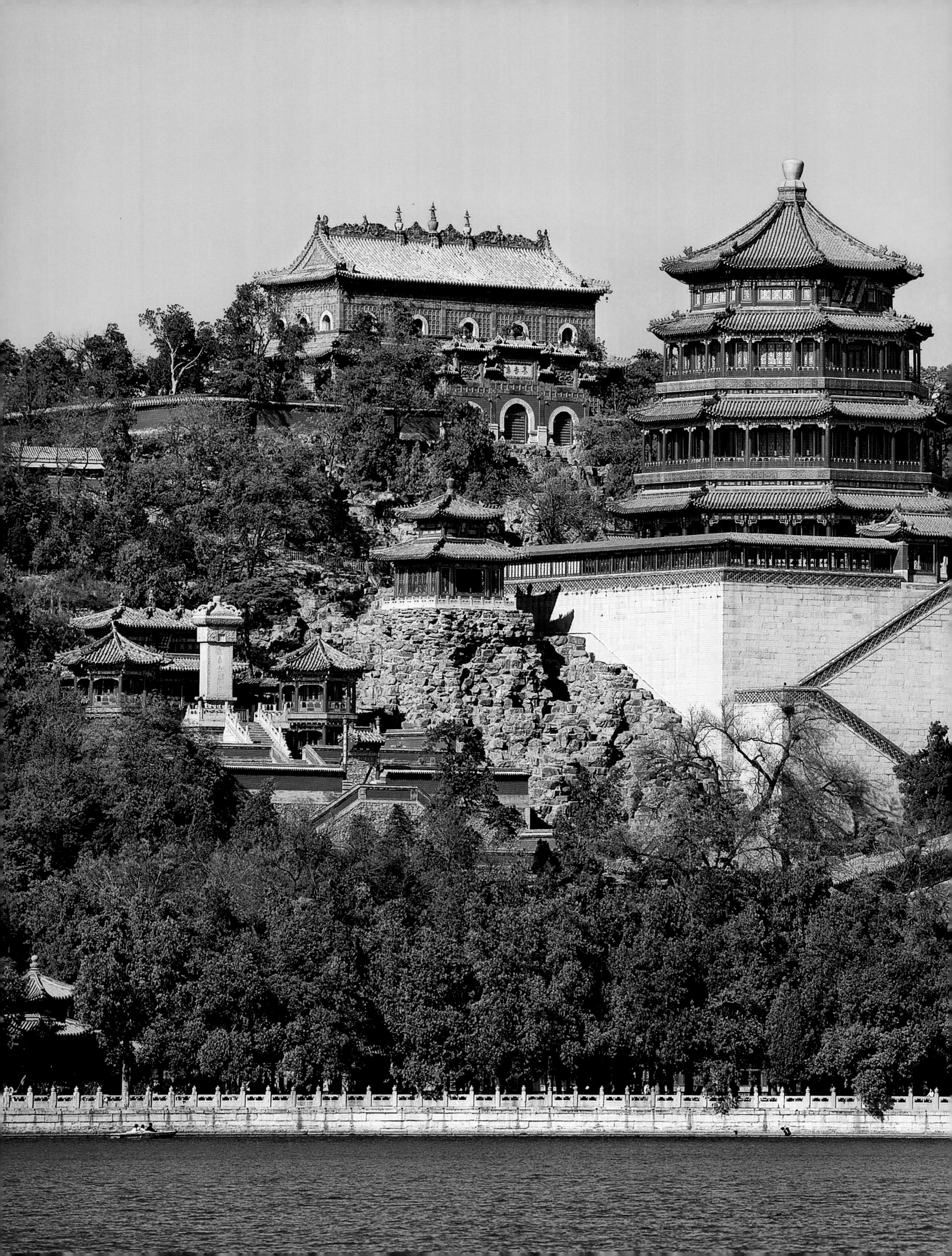

【佛香阁】

佛香阁位于万寿山前山中央部位的山腰，是一座八面三层四重檐攒尖顶木构佛殿。建筑坐落在一个高 21 米的方形台基上，正面有八字形蹬道。阁坐北朝南，高 41 米，阁内有 8 根巨大铁梨木擎天柱，结构复杂，为古典建筑精品。原阁于咸丰十年（1860 年）被英法联军烧毁，光绪十七年（1891 年）花了 78 万两银子重建，光绪二十年（1894 年）竣工，这是颐和园里最大的工程。阁内供奉着“接引佛”，供皇室在此烧香。

佛香閣

▼ 立面图

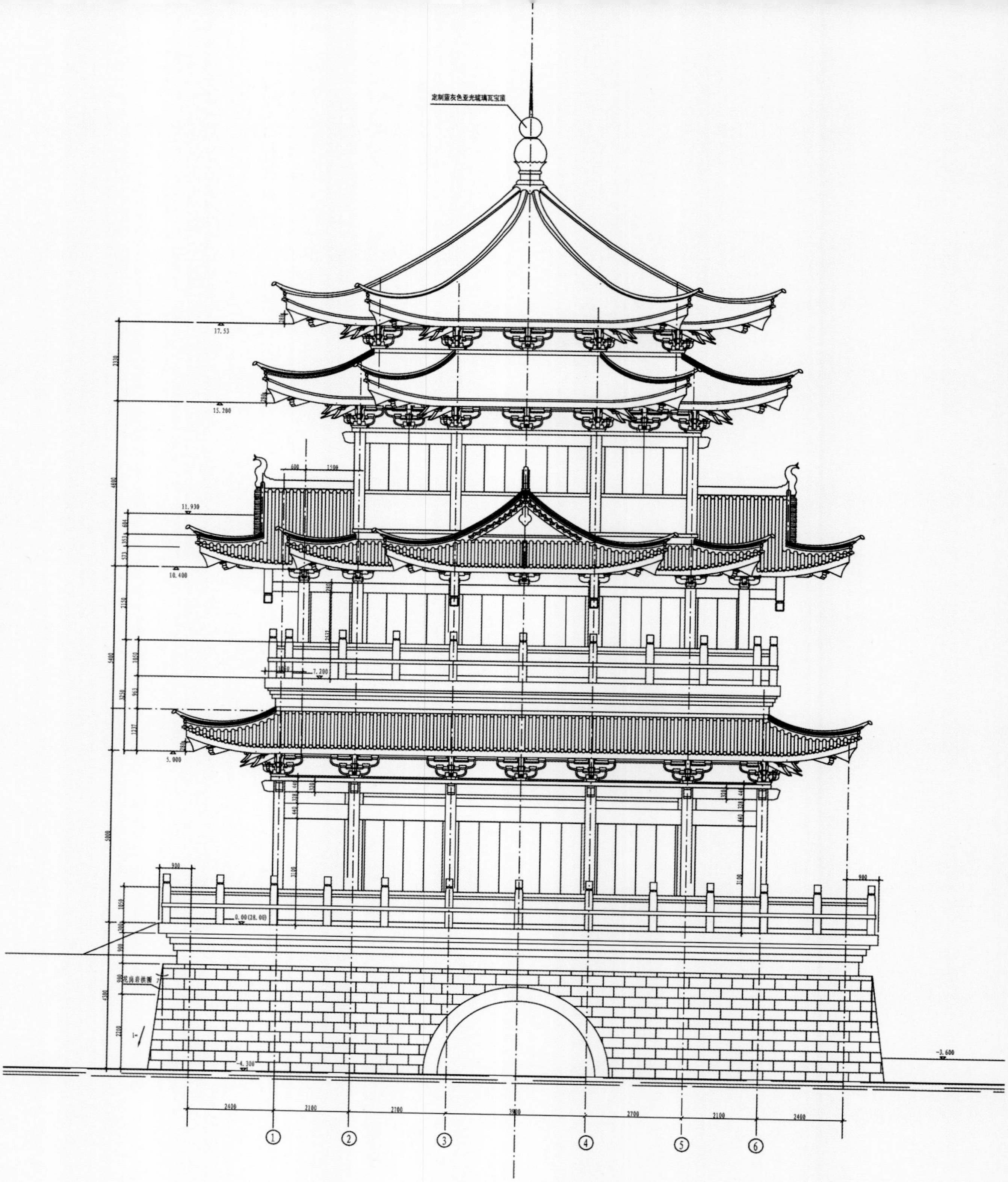

▼ 一层平面图

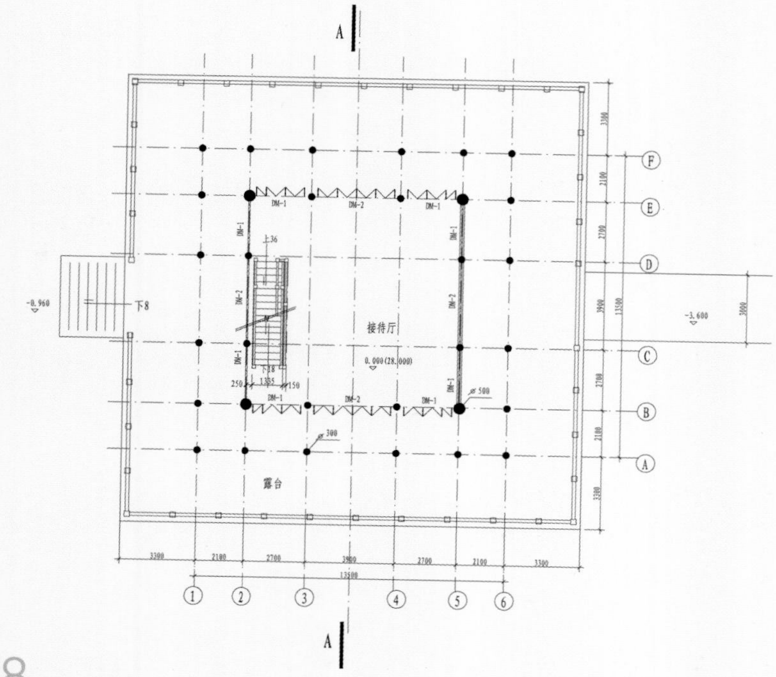

▼ 二层平面图

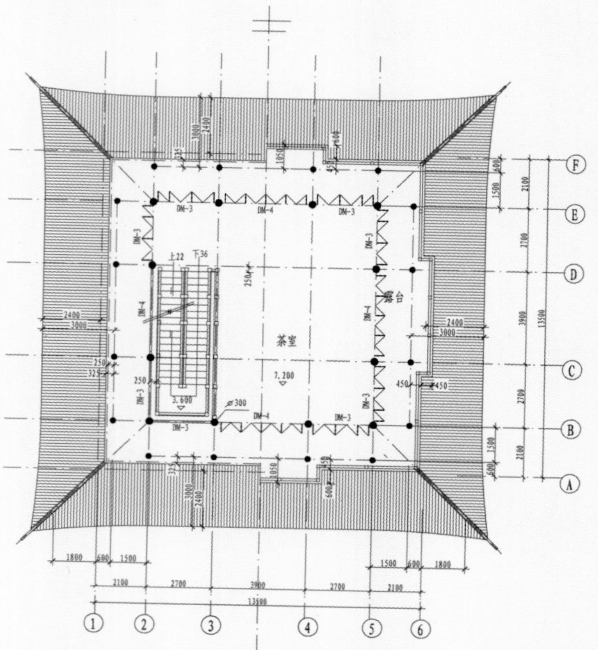

一层屋顶平面

二层栏杆平台平面

▼剖面图

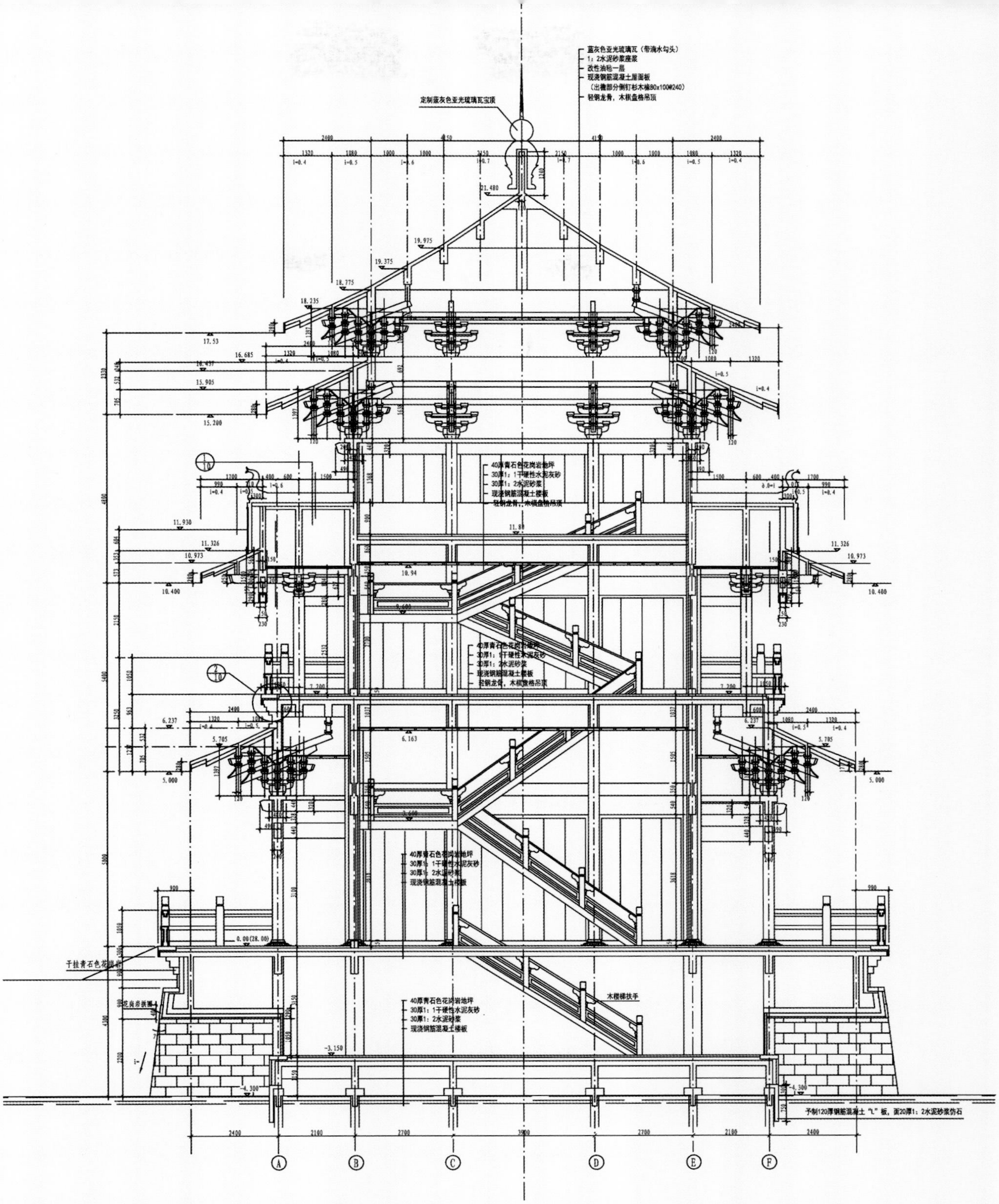

▼三层平面图

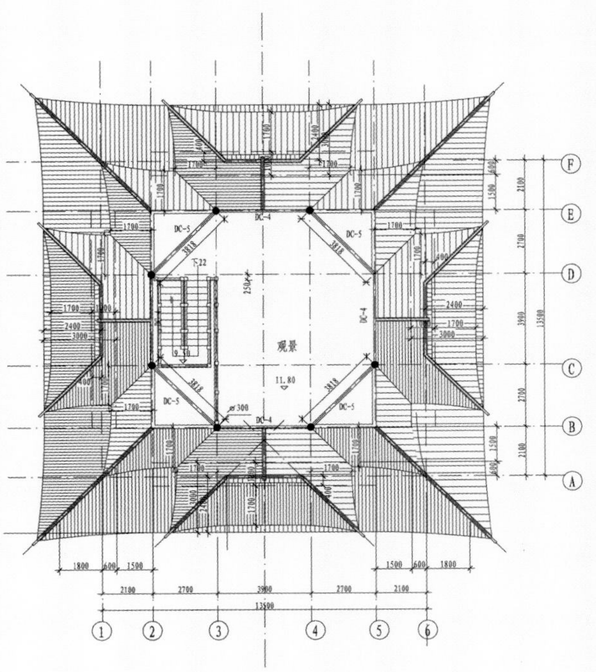

▼四层平面图

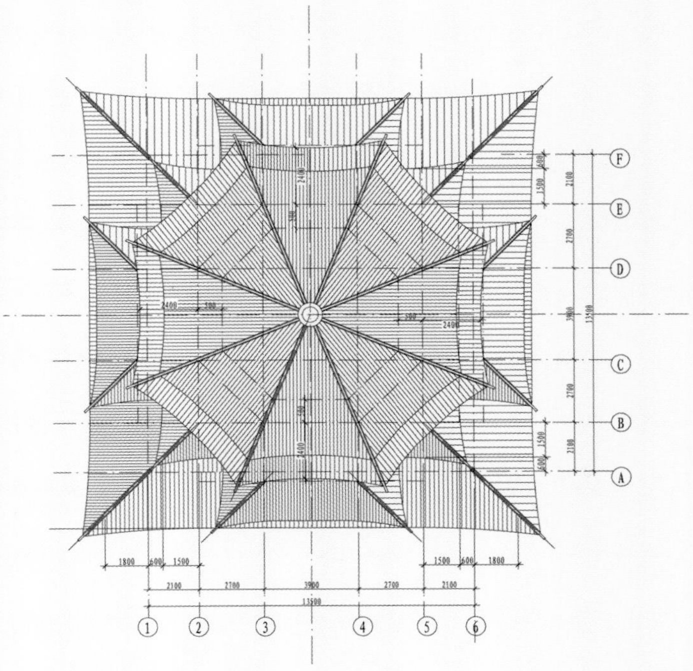

九陌春生調玉律

玉華殿

【长廊】

颐和园长廊是中国古典园林中最长的画廊，位于万寿山南麓，横贯东西，将分布在湖山之间的楼、台、亭、阁、轩、馆、舫、榭联缀起来，既密切了湖山之间的关系，也丰富了湖山交接处的景观。长廊始于乐寿堂西的邀月门，止于石舫东面的石丈亭，全长728米，共有273间。廊的中间建有留佳、寄澜、秋水、清遥4座八角重檐亭。东西两段又各有短廊伸向湖岸，衔接着对鸥舫和鱼藻轩两座水榭。西北部连着一座3层小楼山色湖光共一楼。

长廊的每根廊枋上都绘有大小不同的苏式彩画，共1.4万余幅。由于经过多次油饰和重画，彩画的内容有了一些变化，但基本上仍是以原来的画法和风格为主，取材有西湖风景、山水人物、花卉翎毛等，其中人物画大多出自中国古典文学名著《红楼梦》《西游记》《水浒传》《三国演义》《聊斋》《封神演义》中的故事。1990年，长廊以杰出的建筑手法和绚丽的彩画艺术被收入《吉尼斯世界记录大全》。

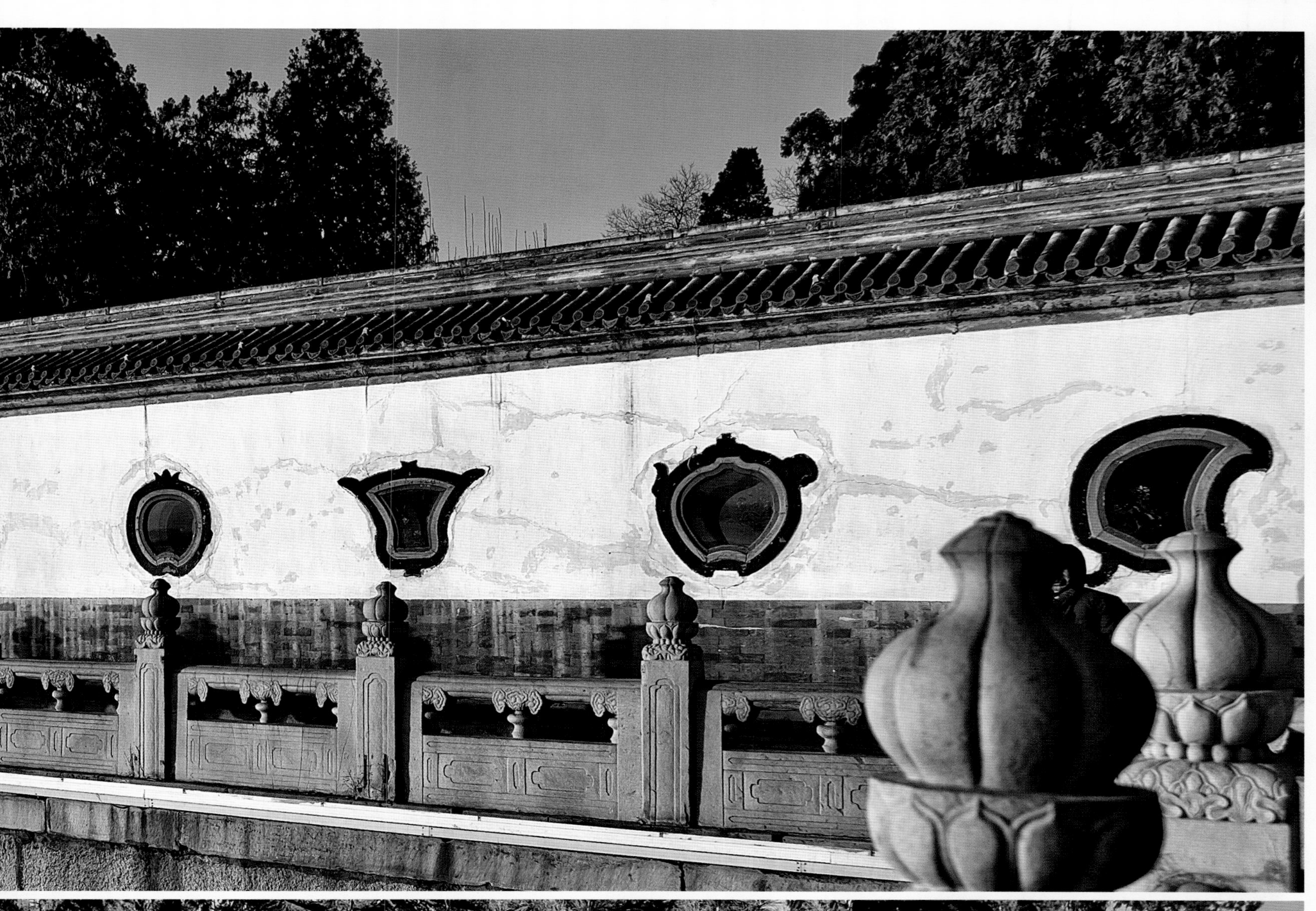

▼ 剖面图 1:100

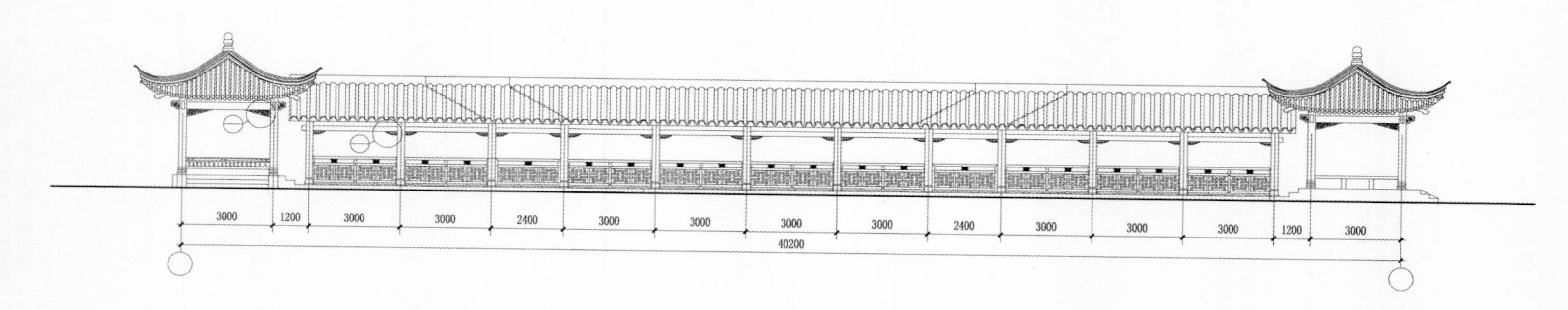

▼ 平面图 1:100

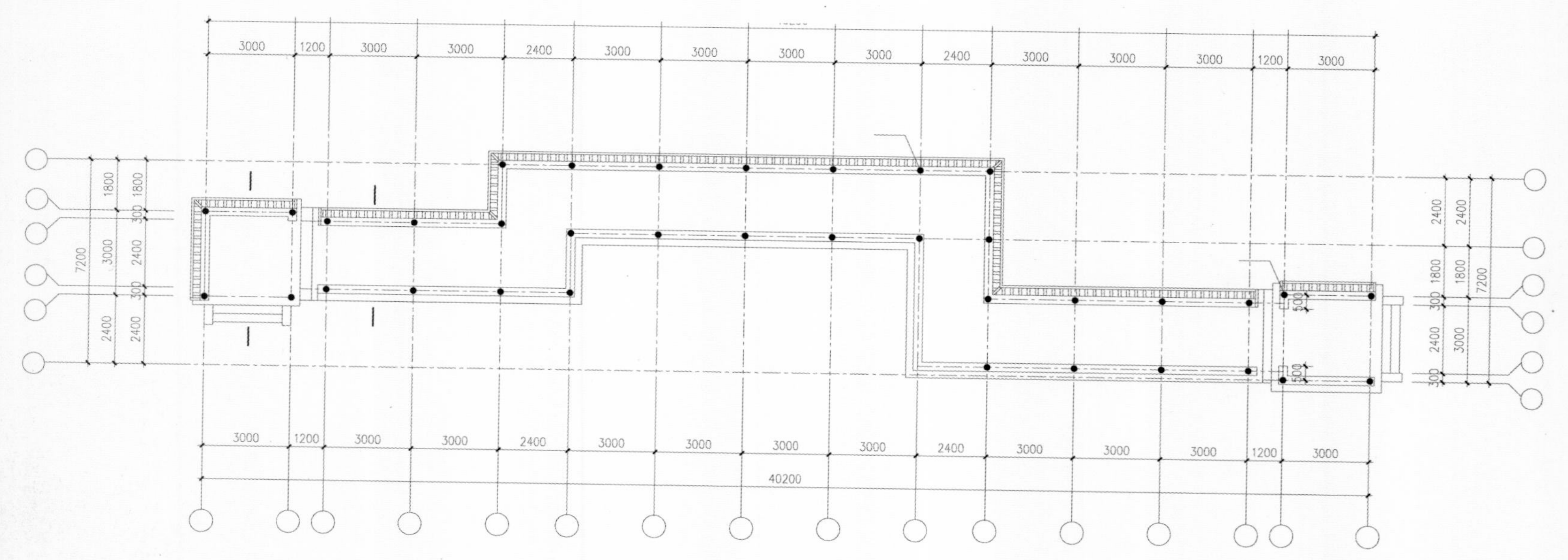

寄瀾亭

【荇桥】

荇桥位于石舫北侧，始建于乾隆年间，光绪时重修，是一座三孔石桥。桥以水中荇藻命名，东西向跨越在万字河上。桥亭面阔三间，重檐攒尖方顶。花岗岩石桥基，亭柱下角各有石狮 2 个。桥两端各有一座 4 柱 3 楼冲天牌楼。东牌楼题额：蔚翠、霏香，西牌楼题额：烟屿、云岩。牌楼为 1992 年 11 月复建。

雲岩

烟嶼

聴鸝館

清华轩
清华轩，前身为清漪园时期的五百罗汉堂，1860年被英法联军焚毁，今仍存八角形水池、汉白玉石桥、乾隆御制平定准噶尔碑等遗物。光绪重修颐和园时，在罗汉堂的基址上建成了这组前后两进的院落，取东晋谢混《游西池》“水木湛清华”的诗意命名，前后院之间有游廊相连。目前前院辟为展览区。
现前院内清华轩正殿开辟了“名园沧桑——颐和园老照片展”，展出了晚清以来珍贵的颐和园老照片一百余幅，它们不仅记录了颐和园景观的历史变迁，也堪称是近代中国盛衰沉浮的见证和缩影，具有较高的史料和观赏价值。在前院的东配殿内，还设有颐和园“绘画馆”，在此可以观赏和购买到具有颐和园特色的书画等文化纪念品。

【苏州街】

苏州街又称“买卖街”，是后湖两岸仿江南水乡市集形式的建筑，分布在万寿山后河南北两岸。清漪园时期岸上有各式店铺，如玉器古玩店、绸缎店、点心铺、茶楼、金银首饰楼等。店铺中的店员都是太监、宫女装扮，皇帝游幸时开始“营业”，供帝后游乐。

在苏州街上，分布着比现实中的铺面房要小的建筑，建筑整体为青瓦、灰砖、粉墙，保持江南民间房舍朴素清淡的风貌，不过富丽堂皇的牌楼、牌坊等又体现出皇家园林特色。后湖岸边的数十处店铺 1860 年被列强焚毁，于 1986 年重建。

堂芝勇

堂芝勇
店藥参

會僊居
酒

恒泰號
蘇洲街宮市

錢
莊

雲翰齋
筆墨店
五色豔爭江令夢
一支春暖管城花

河北承德避暑山庄

层楼殿宇热河滨
天然雅姿夺天工
一柱擎天承仙露
百里围场沐雄风

避暑山庄

避暑山庄是我国最大的皇家园林，是由众多的宫殿以及其他处理政务、举行仪式的建筑构成的一个庞大的建筑群。整体建筑既具有南方园林的风格，结构和工程等方面的做法又多沿袭北方常用的手法，成为南北建筑艺术完美结合的典范。但每个部分的建筑布局又有着自己独特的韵味，它巧用地形，因山就势，分区明确，景色丰富，形成“山中有园，园中有山”的辽阔意境。

历史文化背景

承德避暑山庄位于河北省承德市市区北部，是清代皇帝避暑和处理政务的场所。其始建于1703年，历经清康熙、雍正、乾隆三朝，耗时89年建成，与全国重点文物保护单位颐和园、拙政园、留园并称为中国四大名园。

避暑山庄的营建，大致分为两个阶段：

第一阶段：从康熙四十二年（1703年）至康熙五十二年(1713年)，开拓湖区、筑洲岛、修堤岸，随之营建宫殿、亭树和宫墙，使避暑山庄初具规模。康熙皇帝选园中佳景以四字为名题写了“三十六景”。

第二阶段：从乾隆六年（1741年）至乾隆十九年（1754年），乾隆皇帝对避暑山庄进行了大规模扩建，增建宫殿和多处精巧的大型园林建筑。乾隆仿其祖父康熙，以三字为名又题了“三十六景”，合称为避暑山庄七十二景。

避暑山庄及周围寺庙自康熙四十二年（1703年）动工兴建，至乾隆五十七年（公元1792年）最后一项工程竣工。康熙五十二年至乾隆四十五年（1713年～1780年），伴

随避暑山庄的修建，周围寺庙也相继建造起来。

避暑山庄不是一座普通的园林，而是中国清朝皇帝为了实现安抚、团结中国边疆少数民族，巩固国家统一的政治目的而修建的一座夏宫。清朝的康熙、乾隆皇帝，每年大约有半年时间要在承德度过，清前期重要的政治、军事、民族和外交等国家大事，也都在这里处理。因此，承德避暑山庄成了北京以外的陪都和第二个政治中心。1860 年，英法联军进攻北京，清帝咸丰逃到避暑山庄避难，在这座房子里批准了《中俄北京条约》等几个不平等条约。影响中国历史进程的“辛酉政变”亦发端于此。随着清王朝的衰落，避暑山庄日渐败落。

1994 年 12 月，避暑山庄及周围寺庙（热河行宫）被列入世界文化遗产名录。

建筑布局

避暑山庄分宫殿区、湖泊区、平原区、山峦区四大部分，每个部分的建筑布局手法和建筑风格均有着自己独特的韵味。承德避暑山庄的整体布局巧用地形，因山就势，分区明确，景色丰富，与其他园林相比，有其独特的风格。山庄的基本格局是宫殿区与湖光山色的苑景区呼应融合，几条湖中小径，串起了镶嵌在湖中的三座岛屿，其中有一条“之”字形的小径，连接着中心的岛屿。

宫殿区

宫殿区位于山庄南部，宫室建筑林立，布局严谨，建筑朴素，是紫禁城的缩影。宫殿与天然景观和谐地融为一体，达到了回归自然的境界，其布局运用了“前宫后苑”的传统手法。宫殿位于山庄南端，包括正宫、松鹤斋、东宫和万壑松风四组建筑群。正宫在宫殿区西侧，是清代皇帝处理政务和居住之所，按“前朝后寝”的形制，由九进院落组成；布局严整，建筑外形简朴，装修淡雅。松鹤斋在正宫之东，由七进院落组成，庭中古松耸峙，环境清幽。万壑松风在松鹤斋之北，是乾隆幼时读书之处，六幢大小不同的建筑错落布置，以回廊相连，富于南方园林建筑之特色。东宫在松鹤斋之东，已毁于火灾。

湖泊区

湖泊区在宫殿区的北面，湖泊面积包括州岛约占43公顷，有8个小岛屿，将湖面分割成大小不同的区域，层次分明，洲岛错落，碧波荡漾，富有江南鱼米之乡的特色。东北角有清泉，即著名的热河泉。建筑采用分散布局之手法，园中有园，每组建筑都形成独立的小天地。

造景手法：山中有园，园中有山

避暑山庄巧妙地利用山水、树木、花卉、建筑等，把全园划分为若干个景区，各个景区都有自己的特色，同时又着重突出能体现园林主要特色的重点景区。“山中有园，园中有山”的空间布局原则，并通过借景、对景、分景、隔景等种种手法来组织空间，使人们看到了空间局部的交错，以有限的面积，创造无限空间，造成园林中曲折多变、小中见大、虚实相间的艺术景观效果，表现出具有中国传统特点的空间组织手法，让山水风光、自然气息渗透入园林建筑，使人们在建筑环境中能尽情领略大自然的天趣。其造园要素主要有：

1、山石：奇山怪石以“对景”、“障景”的布局形式，丰富地形，把景点隔成互相封闭又相互流通的大小空间。

2、水体：造园中运用的湖、池、塘、河、溪、泉、瀑等要素，避免单调。

3、植物：利用园林中有生命的各种花草树木，乔木、灌木和草本，改善山庄的气候和环境无凝起了良好的作用。

4、建筑：比如亭、台、楼、阁、廊、架、桥等，具有使用和观赏双重功能。撷取中国南北名园名寺的精华，仿中有创，表达了“移天缩地在君怀”的建筑主题，起着“点景”与“引景”的作用。

设计特色

承德避暑山庄宫殿区建筑设计融南北建筑艺术之精华，园内建筑规模不大，殿宇和围墙多采用青砖灰瓦、原木本色，淡雅庄重，简朴适度，与京城故宫的黄瓦红墙、描金彩绘、堂皇耀目呈明显对照。整体建筑既具有南方园林的风格，结构和工程等方面的做法又多沿袭北方常用的手法，成为南北建筑艺术完美结合的典范。

【史海拾贝】

“热河化兵”传说的由来：康熙修建避暑山庄不只是为了避暑，更为了国家统一，长治久安。因为康熙深知江山是先人马上打下来的，更明白保江山还需要有另一方法，那就是用文化的力量争取人心，用不战的心态而“屈欲战之兵”。于是，他把各地方少数民族的首领都请到避暑山庄来，与他们一起打猎，一起饮宴。乾隆有一句话讲得好：“我皇祖建此山庄于塞外，非为一己之豫游，盖贻万世之缔构也”。建庄三百年，尽管塞北多战事，但热河城下从未有过两军对垒的局面。北方少数民族不仅不再和清朝交战，还和清军一起反击沙俄等外来侵略，建立了1 300万平方千米的大清王朝版图，所以民间就有了“不战之城，热河化兵”之说。

官員人等至此下馬

避暑山庄 Mountain Resort

避暑山莊

【正宫】

正宫于康熙五十年（1711 年）至康熙五十二年（1713 年）修建竣工。乾隆十九年（1754 年）重新修缮、改建，占地 10 000 余平方米，殿宇 219 间，是清帝驻跸承德期间处理朝政，日常起居的主要场所。正宫根据中国古代关于“九五，飞龙在天，利见大人”和“天保九如”的传统惯例，营建了前朝、后寝九重院落。沿中轴线依次建有丽正门、宫门、午门、澹泊敬诚、四知书屋、万岁照房、烟波致爽、云山胜地、岫云门，两侧对称建有配殿、廊、庑房。整组建筑既严守帝王皇室规整庄严的格局，又错落有致，饱含曲径通幽的园林情趣。在这里，可以亲身领略木兰行围的雄浑、康乾盛世的辉煌、多民族统一的繁荣盛世景象。

【松鹤斋】

松鹤斋建于乾隆十四年（1749 年），位于正宫之东，为八进院落，是乾隆帝为其母后修建的颐养之所，取松鹤延年之意，题为“松鹤斋”。这一组建筑包括门殿、松鹤斋、乐寿堂、十五间照房、屏门、继德堂、畅远楼等。继德堂是嘉庆皇帝为皇子时读书起居的地方，道光二十年（1840 年）以后，此处供奉清朝历代皇帝的画像。这座庭院古树参天，花草山石点缀其间，环境幽雅别致。

如意館

法流喻筏

曲水荷香
曲水荷香
康熙三十六
景第十五景方亭
建在参差不齐的
怪石中其意境与
曲水流觞极相似
昔 康熙乾隆两
位皇帝曾在此宴
请大 蒙古王公
Qushuihexiang Pavililon
It is the fifteenth sight of Kangxi's
36 sights,built among the grotesque
stones Emperor Kangxi and Qianlong
used to feast ministers and maharaja
of Mongolia here

晴霄虹亘

水心榭

乾隆三十六景第八景
建于康熙四十八年一七
零九年康熙题额水心榭
榭是指建在台上的屋子
水心榭意为建筑在水中
高台上的房屋榭下有水
闸八孔俗称八孔闸榭四
周碧波荡漾风景如画

Mid—lake Pavilion
It is the eighthsight of
Qianlong's 36 sights,was built
above water.Clear water flows
around it,the view is like a
beautiful picture.

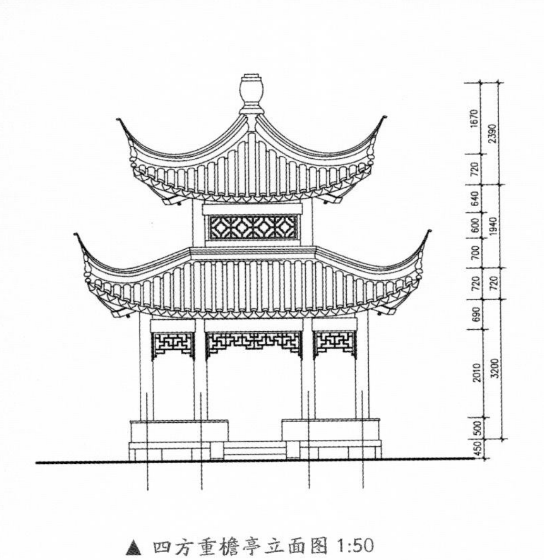

▲ 四方重檐亭立面图 1:50

▲ 1-1 剖面 1:50

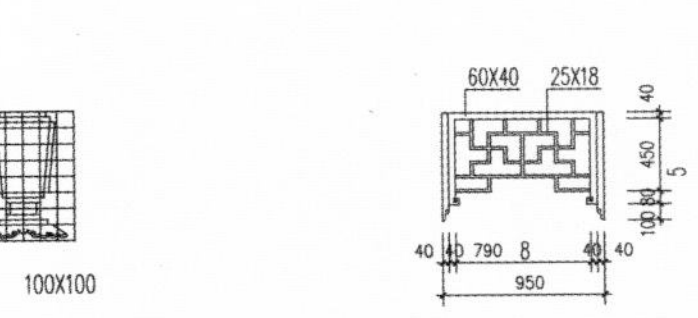

▲ 宝顶大样 1:25

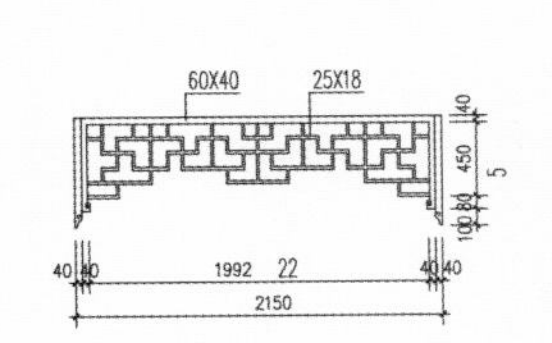

▲ 挂落大样 1:25

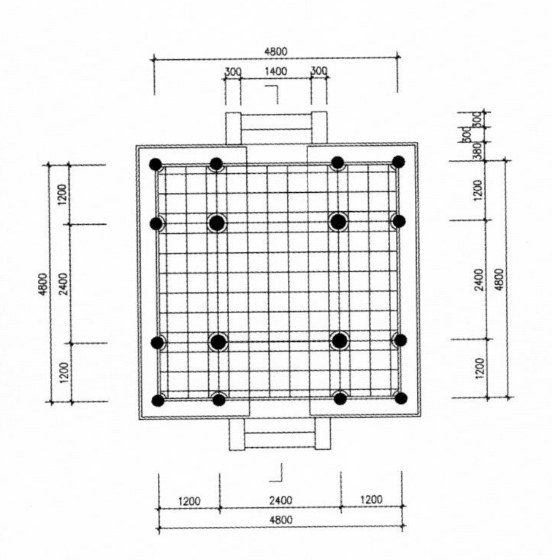

▲ 四方重檐亭平面图 1:50

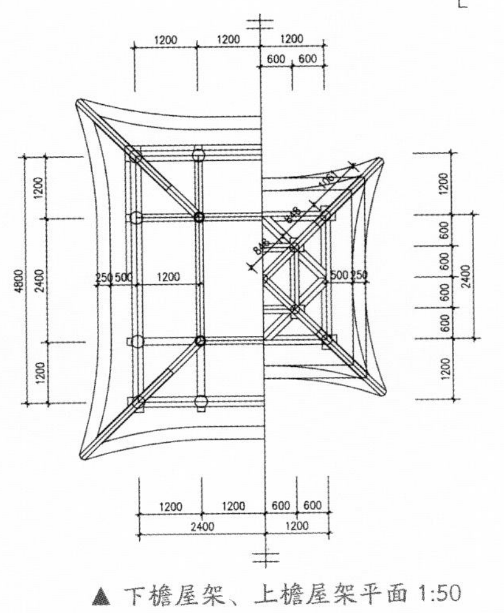

▲ 下檐屋架、上檐屋架平面 1:50

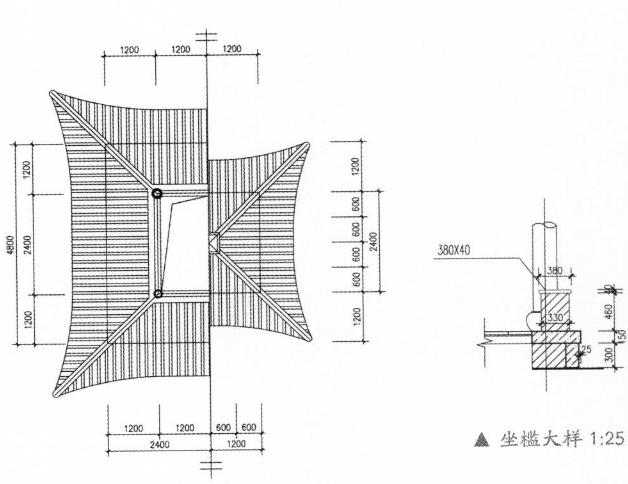

▲ 下檐屋面、上檐屋面平面 1:50

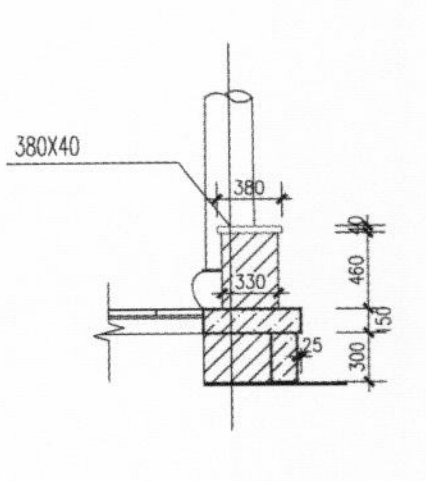

▲ 坐槛大样 1:25

西藏拉萨罗布林卡

堤草岸柳映水中
宝贝园林游夏宫
金色宫殿绘壁画
藏汉合一独不同

罗布林卡

罗布林卡意为“宝贝园林”，是一座典型的藏汉合璧的风格园林。其园林布置既有西藏高原的特点，又吸取了内地园林传统手法，运用建筑、山石、水面、林木组景，创造出不同的意境。宫殿区由格桑颇章、金色颇章、达旦明久颇章等几组宫殿建筑组成，每组建筑又分为宫区、宫前区和林区三个主要部分，被称为是西藏人造园林中规模最大、风景最佳、古迹最多的园林。

历史文化背景

罗布林卡俗称拉萨的颐和园，位于拉萨的西郊，是历代达赖喇嘛的夏宫，现在

属于朝拜、体闲度假、观赏考察藏式宫殿建筑的场所。

这座秀美的园林始建于18世纪中叶七世达赖喇嘛时期，当时为其处理政务和举行宗教活动之地。罗布林卡的建造过程，以七世达赖兴建乌尧颇章为始，十四世达赖修建达旦米文颇章为止，历时二百余年。

18世纪40年代以前，罗布林卡还是一片野兽出没，杂草、矮柳丛生的荒地。后来，由于七世达赖喜欢并常来这个地方，所以当时的清朝驻藏大臣便为其修建了一座乌尧颇章（凉亭宫）。

公元1751年，七世达赖在乌尧颇章东

侧又建了一座以自己的名字命名的三层宫殿——格桑颇章（贤劫宫），内设佛堂、卧室、阅览室及护法神殿、集会殿等。

1755 年落成后，经雍正的批准，七世达赖每年夏季在格桑颇章处理政务，后被历代达赖沿用，作为夏天办公和接见西藏僧俗官员之用。从此，罗布林卡逐渐由疗养地演变为处理政教事务的夏宫。以后的历辈达赖均在每年的藏历三月十八日从布达拉宫移居罗布林卡，至藏历九、十月之交返回布达拉宫。亲政之前的达赖则常年在此习经学法。

八世达赖在此基础上扩建了恰白康（阅览室）、康松司伦（威镇三界阁）、曲然（讲经院），把旧有的水塘开挖成湖，按汉式亭台楼阁的建筑风格，在湖心建了龙王庙和措吉颇章宫（湖心宫），两侧架设了石桥。

1922 年，十三世达赖对罗布林卡再兴土木，在园林西侧建金色颇章宫、格桑德吉宫、其美曲吉宫，在西南建金色林卡，并种植大量花草树木。

1954 年，十四达赖又在园林中部建达旦明久颇章（永恒不变宫），在北面也建了新宫，使罗布林卡发展为已有的规模。

罗布林卡经过历代达赖喇嘛的悉心经营，建筑各种宫殿、别墅、凉亭、水榭，栽种大量花草树木，已经形成为占地 36 万平方米的大型园林。现在演变成一座开放的公园和博物馆，供人们参观游览，并举行各种节日游园和度假活动。

建筑布局

罗布林卡全园分为三个区：东部宫前区包括入口和威镇三界阁之前的前园；中部为核心部分的宫殿区；西区是以自然丛林野趣为特色的金色林卡。罗布林卡由格桑颇章、金色颇章、达旦明文颇章三组宫殿建筑组成，有房374间，是西藏人造园林中规模最大、风景最佳的、古迹最多的园林。宫殿共三层，一层是经堂，前面有一个600平方米的石板院子；二层有罗汉殿，护法殿和达赖阅经室；三层是达赖接见僧俗官员的地方。园中树木茂盛，花卉繁多，更有亭台池榭，林竹山石，珍禽异兽点缀其间。各组建筑均以木、石为主要材料建成，规划整齐，具有明显的藏式建筑风格。主要殿堂内的墙壁上均绘有精美的壁画，宫前长廊和室内雕梁画栋，富丽堂皇。

罗布林卡四面都有门，东面是正门。康松思轮是正面最醒目的一座阁楼，它原是座汉式小木亭，后改修为观戏楼，东边又加修了一片便于演出的开阔场地，专供达赖喇嘛看戏用。它旁边就是夏布甸拉康，是进行宗教礼仪的场所。

设计特色

罗布林卡意为“宝贝园林”，每个景区又根据功能要求，结合自然环境，或宫墙深院，古木成荫；或芳草疏林，繁花似锦，构成不同的景观。罗布林卡的园林布置，既有西藏高原的特点，又吸取了内地园林传统手法，运用建筑、山石、水面、林木组景，创造出不同的意境。如湖心宫的设计，就有汉族地区古代造园艺术中“一池三山”的痕迹。

园内有植物100余种，不仅有拉萨地区常见花木，而且有取自喜马拉雅山南北麓的奇花异草，还有从内地移植或从国外引进的名贵花卉，堪称高原植物园。

【史海拾贝】

雪顿节是拉萨人最有活力的日子。每年拉萨的雪顿节，罗布林卡都是拉萨市的活动中心之一，各地有名的藏戏团体都会涌向这里。从藏历七月初一到初七的7天里，这里每天都要唱藏戏。而在雪顿节前夕，罗布林卡及周围的树林里，一夜之间摇身一变成为一座色彩鲜艳的“帐篷城市”，这些帐篷是藏民携老带小一起到罗布林卡搭建一个临时的“家”。节日里的拉萨人几乎倾家而出，都身穿鲜艳的节日传统服装，或一家大小或亲朋好友，三五成群，在草地上树阴下搭起帐篷围坐在一起，摆上从家里带来的青稞酒、酥油茶、藏式点心等食物，把酒畅饮，畅谈无间，下棋打牌，跳舞唱歌，自娱自乐。等藏戏开始后，熙熙攘攘的人群围成一个个圆圈，津津有味地欣赏藏戏演员精彩的表演，鼓掌喝彩。

全国重点文物保护单位
罗布林卡
中华人民共和国国务院
一九八八年元月十三日公布
西藏自治区文物管理委员会立

格桑德吉颇章
Kalsang Dekyil Podrang

私家园林

在中国古代园林建筑中，除了皇家园林，还有私家园林，即王孙贵族以及士大夫、富商等修建的私人园林。在古籍中，这类园林被称为园、园亭、园墅、别业等。私家园林历史悠久，遍布全国各地。秦汉时期，私家园林的建筑成就比不上皇家园林，但唐宋时期，私家园林的建造水平逐渐提高。明清时期，私家园林得到很大发展，在城市中出现了依据自然山水修建的富有山林趣味的宅园，作为日常聚会、居住以及游憩的场所。这些私家园林，追求布局的精妙，风格素雅而精巧，以期望达到平中求趣、拙间取华的意象，满足世人观赏的需要。其主要目的是供人赏玩，在赏玩的同时，达到修身养性、自娱的目的。

与皇家园林相比，私家园林规模较小，一般只有十几公顷至几十公顷。地点多集中于城市之中或城市近郊。私家园林造园构思讲究“小中见大”，在相对较小的空间内，利用各种造园手法，扩大人们对实际空间的感受，造成深邃的意境。大部分的私家园林多以水面为中心，建筑向四周散布，构成景点。同时，私家园林多为人工造景，追求自然，尽量不留下人工雕琢的痕迹，使园林呈现出

“虽由人作，宛自天成”的情趣。建造私家园林的主人，通常是文人雅士，多能诗会画，因此园林的风格也多追求清高脱俗。

其中，借景是中国传统园林造景的手法之一，也是私家园林最常用的成景类型之一。借景是指在造园时将园外风景借入园中，在视觉上扩大园林空间，以增加园景的变化。根据计成《园冶》中所说，借景的手法又可以分为远景邻借仰借俯借应时而借几种手法。私家园林一般面积受到限制，所以多在借景上下功夫。

中国目前现存的私家园林多集中于北京、苏州、扬州、杭州、南京等地。本章私家园林分为北方、西南、江南、岭南四个区域。北方私家园林受四合院建筑布局影响较大，较为规整拘谨；南方的私家园林在空间布局上更为丰富。因为气候的不同，北方的私家园林中多种有松树、国槐、核桃树、柿子树、榆树、海棠等花木，而南方私家园林常种梅花、玉兰、牡丹、竹子、榆树、芭蕉等花木。江南私家园林是中国私家园林最典型的代表，其中又首推苏州的私家园林，苏州自古就有“江南园林甲天下，苏州园林甲江南”的美誉。

江苏苏州狮子林

密竹鸟啼邃
清池云影闲
茗雪炉烟袅
松雨石苔斑

狮子林是中国古代造园艺术的集大成者，其平面呈东西略宽的长方形，四周是高墙峻宇，中间围出一方园林天地。院内主要建筑集中在东北两面，湖石假山位于东南，西南两面为长廊，水面集中在中央，呈现出建筑围绕山石池水的典型布置方式。其湖石假山为我国古典园林中现存最著名的假山群，是明代以前中国古典造园艺术中堆塑假山艺术手法的典型代表。

历史文化背景

狮子林位于苏州市城区东北角的园林路 23 号，开放面积约 11 000 平方米。狮子林始建于元代，至今已有 670 多年的历史。公元 1341 年，高僧天如禅师来到苏州讲经，受到弟子们拥戴。元代至正二年（1342 年），弟子们买地置屋为天如禅师建禅林。天如禅师因师傅中峰和尚得道于浙江西天目山狮子岩，为纪念自己的师傅，取名“师子林”。又因园内多怪石，形如狮子，亦名“狮子林”。园中最高峰为“狮子峰”。园建成后，当时许多诗人画家来此参禅，所作诗画列入“狮子林纪胜集”。著名的话有：朱得润的《狮子林图》、倪瓒（号云林）的《狮子林横幅全景图》、徐贲的《狮子林十二景点图》。狮子林由此名声显著，至元末明初，已成为四方学者赋诗作画的名胜之地。

天如禅师谢世以后，弟子散去，寺园逐渐荒芜。明万历十七年

（1589年），明性和尚托钵化缘于长安，重建狮子林圣恩寺、佛殿，再现兴旺景象。至康熙年间，寺、园分开，后为黄熙之父、衡州知府黄兴祖买下，取名“涉园”。清代乾隆三十六年（1771年），黄熙高中状元，精修府第，重整庭院，取名“五松园”。至清光绪中叶黄氏家道衰败，园已倾圮，唯假山依旧。1917年，上海颜料巨商贝润生（世界著名建筑大师贝聿铭的叔祖父）从民政总长李钟钰手中购得狮子林，花80万银元，用了将近七年的时间整修，新增了部分景点，并冠以“狮子林”旧名，狮子林一时冠盖苏城。贝氏原先准备对外开放，但因抗战暴发未能如愿。贝润生1945年病故后，狮子林由其孙贝焕章管理。新中国成立后，贝氏后人将园捐献给国家，苏州园林管理处接管整修后，于1954年对公众开放。狮子林是苏州古典园林的代表之一，将被列入《世界文化遗产名录》，拥有国内尚存最大的古代假山群。

建筑布局

狮子林平面呈东西略宽的长方形，四周是高墙峻宇，中间围出一方园林天地。院内主要建筑集中在东北两面，湖石假山位于东南，西、南两面为长廊，水面集中在中央，呈现出建筑围绕山石池水的典型布置方式。

从入口进去便是贝氏宗祠，给人感觉气氛肃穆。由祠堂向西隔开一条复廊，平行的南北轴线上，依次有主厅燕誉堂、小方厅和九狮峰。九狮峰院以九狮峰为主景，东西各设开敞与封闭的两个半亭，互相对比，交错而出，突出石峰。这种通过院落层层引入，步步展开的手法，使空间变化丰富，景深扩大，为主花园起到绝好的铺垫作用。主花园内荷花厅、真趣亭傍水而筑，后有复廊，由亭中向外望去，石峰重叠，树木葱茏，一弯池水，几曲平桥，景色十分秀丽。主花园的建筑主要分布在北部，前后错落，形式多变，是园中坐南朝北的造型最丰富的建筑群落。西山虽属贝氏新建部分，但飞瀑亭、问梅阁、立雪堂则与瀑布、寒梅、修竹相互呼应，点题喻意，令人回味无穷。扇亭、文天祥碑亭、御碑亭由一长廊贯串，打破了南墙的平直、高峻感。而长廊即围合出山水空间，也有机地组织了游览线路，构成了狮子林造景、布局和交通流线的特色。

假山叠石之趣

狮子林中的湖石假山为我国古典园林中现存最著名的假山群，是明代以前中国古典造园艺术中堆塑假山艺术手法的典型代表，袁学澜在《狮子林记》中曾有评价说："石之奇，为吴中之冠。"大假山的顶部竖有林立的石笋与太湖石峰，盘旋曲折的蹬道穿行于峰、岭、谷、洞之间。假山群共有九条路线，二十一个洞口。与狮子林初建时所体现的禅宗思想一样，其中的假山意境也取自四大佛教名山，特别是九华山的耸峰峻石之境。设计的上、中、下三层假山分别代表人间、天堂、地域三重境界，穿游其间，体味人生百态。而假山立意以佛经狮子座为拟态造型，采用比喻、夸张、借代等手段，汇集了佛教故事中珍禽异兽的精华。其横向极尽迂回曲折，竖向力求回环起伏，把有限空间里的游览路线延长到无以复加的地步，体现了一种"取势在曲不在直，命意在空不在实"的造园思想，也包含了以显寓隐，以实写虚，以有限见无限，追求含蓄朦胧的审美境界的禅宗思想。

设计特色

狮子林的经典不仅体现在布局营造和叠山理水上，也体现在包含其中的细节与材质。狮子林中漏花窗形式多样，做功精巧，尤以九狮峰后"琴棋书画"四个漏窗和指柏轩围墙上，以自然花卉为题材的泥塑漏花窗为上品。而空窗和门洞的巧妙运用，则以小方厅中这两幅框景和九狮峰院的海棠花形门洞为典型。

但贝氏的扩建与修葺同时也将西洋的建筑手法引进园中，比如见山楼和石舫上的彩绘玻璃以及湖心亭曲桥上的铁栏杆，这些多少都造成了与整个园林风格上的不协调。在狮子林中，构成中国古典园林的四类物质要素按照取法自然、追求意境的布局原则，把狮子林编织成景区分明、变化多端的城市山林。

【史海拾贝】

在狮子林的沧桑变迁中，有一位皇帝对狮子林倍加赞赏。他曾五次游览狮子林，并留下大量题字和“御制诗”。他就是清高宗乾隆皇帝。乾隆二十二年春（1757 年），弘历两次巡访江南到苏州，他取来倪云的狮子林图展卷对照着观赏狮子林。赐匾“镜智圆照”予狮林寺，双题五言诗《游狮子林》，此诗后被刻成御诗碑并新添一景名为“御碑亭”。1762 年，乾隆再次游狮子林，因爱其景，为狮林寺题额“画禅寺”，在他临摹的倪云林《狮子林全景图》和倪氏原作上分别题字，将临摹之作“命永藏吴中”。1765 年，狮子林归黄祖兴所有，乾隆游狮子林后（时称涉园），题下“真趣”匾额，又作“游狮子林即景杂咏”七绝三首、七律一首。回京后在颐和园和承德避暑山庄各新建一座狮子林。1780 年，乾隆游狮子林后作《狮子林再叠旧作韵》。1784 年，乾隆再次南巡，见到了徐贲画的《狮子林十二景点图》，十分感慨。游狮子林后，在《游狮子林三叠旧作韵》中写到：“真山古树有如此，胜日芳春可弗寻。”这位 75 岁的老人自觉年事已高，只能“他日梦寐游”了。乾隆五次游览狮子林，题写三块匾额，留诗十首、临摹倪云林《狮子林全景图》三幅。这在皇家园林掀起了摹拟江南山水，效法江南园林的高潮。1771 年，乾隆在颐和园长春园东北角仿建狮子林，由苏州织造署奉旨将狮子林实景按五分一尺烫样制图送就御览，建成后名景点匾额均由苏州织造制作，送京悬挂。1774 年，承德避暑山庄建成，东部是以假山为主的狮子林，西部是以水池为主的文园，合称“文园狮子林”，乾隆对此园非常喜欢，称之“欲傚金阊未有此”。

通幽

探幽

【真趣亭】

真趣亭为歇山卷棚顶，三面设置吴王靠。亭内悬挂金底绿字乾隆御笔"真趣"匾，是清高宗弘历 1765 年所题。亭内雕梁画栋、金碧辉煌，显示出与私家园林截然不同的皇家气派。此处为园中主要观景点，东品百狮山，南赏假山群，西观山林瀑布，低见画亭曲桥，犹如一幅徐徐展开的山水画卷，充满诗情画意。

【燕誉堂】

波燕誉堂为园内主厅之一，富丽堂皇，高大宏敞，装修精美。其名取自《诗经》：“式燕且誉，好尔无射”，表示名高禄重，荣宗耀祖。此堂建筑上为鸳鸯厅，正中用屏门一隔为二。梁架一面用扁作，一面用圆料。南北二半厅地下、墙上图案各不相同，家具陈设式样各异。南厅有窗，长窗用透明玻璃；北厅无窗，长窗用彩色玻璃。燕誉堂是苏州园林鸳鸯厅中最佳的一例。燕誉堂前庭内，高大的白墙下筑花坛，牡丹丛植，玉兰夹峙，寓意为“玉堂富贵”。

重修師子林記

江苏苏州留园

留园庭院似迷宫
对语窗前难步踪
罩树奇峰斜水畔
冠云怪石笋泥中

留园

留园布局紧凑，尤以建筑空间的艺术处理著称，擅于利用许多建筑群，把全园的空间巧妙分隔成各具特色又不失整体艺术的景区，并用曲廊相连。全园曲廊长达700多米，随形而变，顺势而曲，使园景显得深远而又富于变化。留园综合了江南造园艺术，并以建筑结构见长，善于运用大小、曲直、明暗、高低、收放等手法，吸取四周景色，形成一组组有节奏、有色彩、有对比的空间体系。

历史文化背景

留园位于苏州古城西北的阊门外留园路。其始建于明嘉靖年间（1522~1566年），为已罢官的太仆寺少卿徐泰时的私家园林，名“东园”。其时东园“宏丽轩举，前楼后厅，皆可醉客”。瑞云峰“妍巧甲于江南”，由叠山大师周时臣所堆之石屏，玲珑峭削“如一幅山水横披画”。徐泰时去世后，东园渐废。清代乾隆五十九年（1794年），园为吴县东山刘蓉峰所得，将东园故址改建，经修建于嘉庆三年（1798年）始成，因多植白皮松、梧竹，竹色清寒，波光澄碧，故更名“寒碧山庄”，俗称“刘园”。刘蓉峰喜好法书名画，他将自己撰写的文章和古人法帖勒石嵌砌在园中廊壁。后代园主多承袭此风，逐渐形成今日留园多“书条石”的特色。刘蓉峰亦爱石，治园时，他搜寻了十二名峰移入园内，并撰文多篇，记寻石经过，抒仰石之情。嘉庆七年（1802年），著名画家王学浩绘《寒碧庄十二峰图》。

咸丰十年（1860年），苏州阊门外均遭兵燹，街衢巷陌，毁圮殆尽，惟寒碧庄幸存下来。同治十二年（1873年），园为常州盛康（旭人）购得，缮修加筑，于光绪二年（1876年）完工，其时园内“嘉树荣而佳卉茁，奇石显而清流通，凉台燠馆，风亭月榭，高高下下，迤逦相属”（俞樾作《留园记》），比昔盛时更增雄丽。因前园主姓刘而俗称“刘园”，盛康乃仿随园之例，取其音而易其字，改名“留园”，寓意“长留天地间”。盛康殁后，园归其子盛宣怀，在他的经营下，留园声名愈振，成为吴中著名园林，俞樾称其为“吴下名园之冠”。

后来，由于太平天国、日本侵华战争等战祸和缺乏管理，留园逐渐荒芜，甚至沦为军队养马之所。1953年，苏州市人民政府决定修复留园，并请了一批学识渊博的园林专家和技艺高超的古建工人。经过半年的修整，一代名园重现光彩。90年代，又修复了盛家祠堂和部分住宅，使原来宅、园相连的风貌进一步趋向完整。

1961年，留园被国务院首批列入全国重点文物保护单位。1997年12月，留园作为苏州古典园林典型例证。经联合国教科文组织批准，留园与拙政园、网师园、环秀山庄共同列入《世界遗产名录》。

建筑布局

留园的面积约23 300平方米，分西区、中区、东区三部分。西区以山景为主，中区山水兼长，东区是建筑区。中区的东南地带开凿水池，西北地带堆筑假山，建筑错落于水池东南，是典型的南厅北水、隔水相望的江南宅院的模式。东区的游廊与留园西侧的爬山廊成为贯穿全园的外围廊道，曲折、迂回而富于变化。

留园以水池为中心，池北为假山小亭，林木交映。池西假山上的闻木樨香轩，则为俯视全园景色最佳处，并有长廊与各处相

通。建筑物将园划分为几部分，各建筑物设有多种门窗，每扇窗户各不相同，可沟通各部景色，使人在室内观看室外景物时，能将以山水花木构成的各种画面一览无余，视野空间大为拓宽。

一园多景

留园全园分为四个部分，在一个园林中能领略到山水、田园、山林、庭园四种不同景色：中部西区以水池为中心，西北为山，东南为建筑，有涵碧山房、明瑟楼、绿荫轩、曲溪楼、濠濮亭、清风池馆诸构。假山为土石山，用石以黄石为主，雄奇古拙，是16世纪周秉忠叠山遗迹。东区是以五峰仙馆为主体的建筑庭院组合，在鹤所、石林小院至读书处一带，多个小空间交汇组合，门户重重，景观变化丰富，是园林建筑空间组合艺术的精华。东部的林泉耆硕之馆、冠云楼、冠云台、待云庵等一组建筑群围成庭院，院中有水池，池北为冠云峰。冠云峰是北宋（12世纪）宫廷征集遗物，高6.5米，为苏州各园湖石峰中最高者，左右立瑞云、岫云二峰。园内还保存有刘氏寒碧庄时所集印月、青芝、鸡冠、奎宿、一云、拂袖、玉女、猕猴、仙掌、累黍、箬帽、干霄等十二奇石。在东方文化中，山、石是人文性格的物化表现。留园的山石玲珑多姿，既表现了自然之美，也反映了中国自古以来特有的爱石、藏石、品石、咏石、画石的石文化现象。北部辟盆景园，陈列盆景名品500余盆。西部为土阜曲溪，沿岸植桃柳，土阜缀黄石，漫山枫林，是苏州园林土山佳作。

设计特色

留园集住宅、园林于一身，该园综合了江南造园艺术，并以建筑结构见长，善于运用大小、曲直、明暗、高低、收放等手法，吸取四周景色，形成一组组层次丰富，错落相连的，有节奏、有色彩、有对比的空间体系。留园内既有以山石花木为主的自然山水空间，也有各式各样以建筑为主，或者建筑、山水相间的大小空间——庭院、庭园、天井等。园林空间构图非常丰富，为江南诸园之冠。

留园建筑独创一格、收放自然。层层相属的建筑群组，变化无穷的建筑空间，藏露互引，疏密有致，虚实相间，旷奥自如，令人叹为观止。全园分成主题不同、景观各异的东、中、西、北四个景区，景区之间以墙相隔，以廊贯通，又以空窗、漏窗、洞门使两边景色相互渗透，隔而不绝。园内有蜿蜒高下的长廊 670 余米，漏窗 200 余孔。

留园建筑艺术的另一重要特点，是它内外空间关系格外密切，并根据不同意境采取多种结合手法。建筑面对山池时，欲得湖山真意，则取消面湖的整片墙面；建筑各方面对着不同的露天空间时，就以室内窗框为画框，室外空间作为立体画幅引入室内。室内外空间的关系既可以建筑围成庭院，也可以庭园包围建筑；既可以用小小天井取得装饰效果，也可以室内外空间融为一体。千姿百态、赏心悦目的园林景观，呈现出诗情画意的无穷境界。

【史海拾贝】

在留园这个古典园林中，曾留下一对名人新式婚礼的特别记录——蔡元培与周峻。1923 年 7 月 10 日，蔡元培和他的第三任妻子周峻在苏州留园举行了隆重的婚礼。蔡元培在《杂记》中写道：“午后三时，往周宅所寓之惠中饭店亲迎，即往留园，四时行婚礼。”“客座设礼堂，音乐队间歇奏乐。有客来要求演讲，因到礼堂说此次订婚之经过。”作为中国近现代史上最重要的教育家、学者，蔡元培的三次婚姻已经超出了其个人隐私的范畴，而成为中国近现代史发展的一个生动主角。

1889 年，蔡元培迎娶了他的第一位夫人王昭。这是一个奉父母之命、媒妁之言的旧式婚姻，因为新人们在婚礼之前甚至从来没有见过面，结果两人婚后经常发生口角。1900 年，王昭因病离开了人世。王昭去世时蔡元培刚满 33 岁，面对一批批找上门来的媒人，他动笔写下了一张“征婚启事”贴在书房的墙壁上：第一是不缠足的女性；第二是识字的；第三是男子不得娶妾、不能娶姨太太；第四，如果丈夫先死那么妻子可以改嫁；第五，意见不合可以离婚。消息传开来，媒人们顿时摇头叹息，退避三舍。不久，蔡元培因为一幅工笔画与出身书香门第的黄仲玉缘定三生。1902 年元旦，蔡元培在杭州举办了他一生中的第二次婚礼。1920 年年底，蔡元培由北京大学派去欧洲考察，然而就在他游欧期间，黄仲玉去世了。蔡元培 54 岁时，已任北大校长的他决定续娶，他再次提出自己的条件：一、本人具备相当的文化素质；二、年龄略大；三、熟谙英文，能成为研究助手。这时一个名叫周峻的女孩子，走进了他的生活。周峻是蔡元培曾在上海成立的爱国女校的一位学生，这位学生对老师蔡元培先生一直抱有着敬佩与热爱，她一直到 33 岁还没有结婚。两人年龄相差达 24 岁。婚礼当天，蔡元培西装革履，周峻身披白色婚纱，两人一起在留园拍摄了结婚照。婚后第十天，蔡元培和周峻携子女赴欧洲学习。

留園

留園

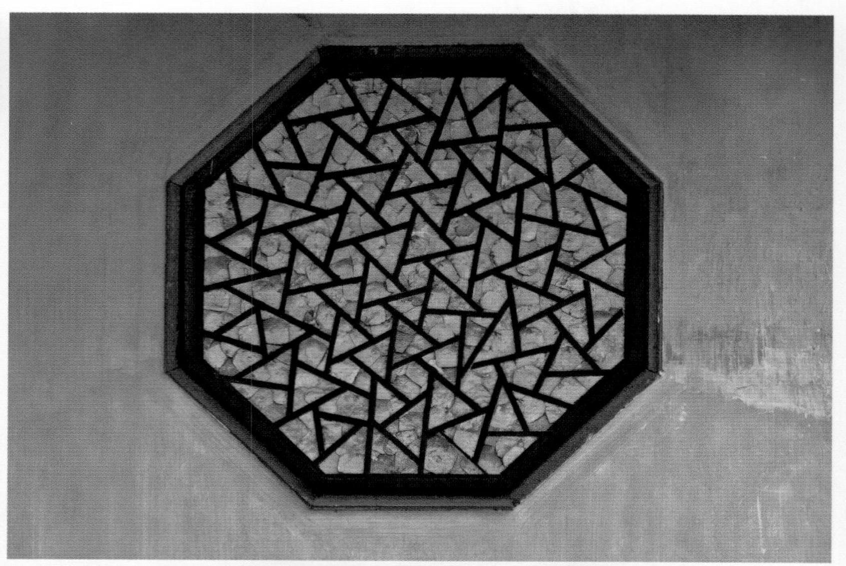

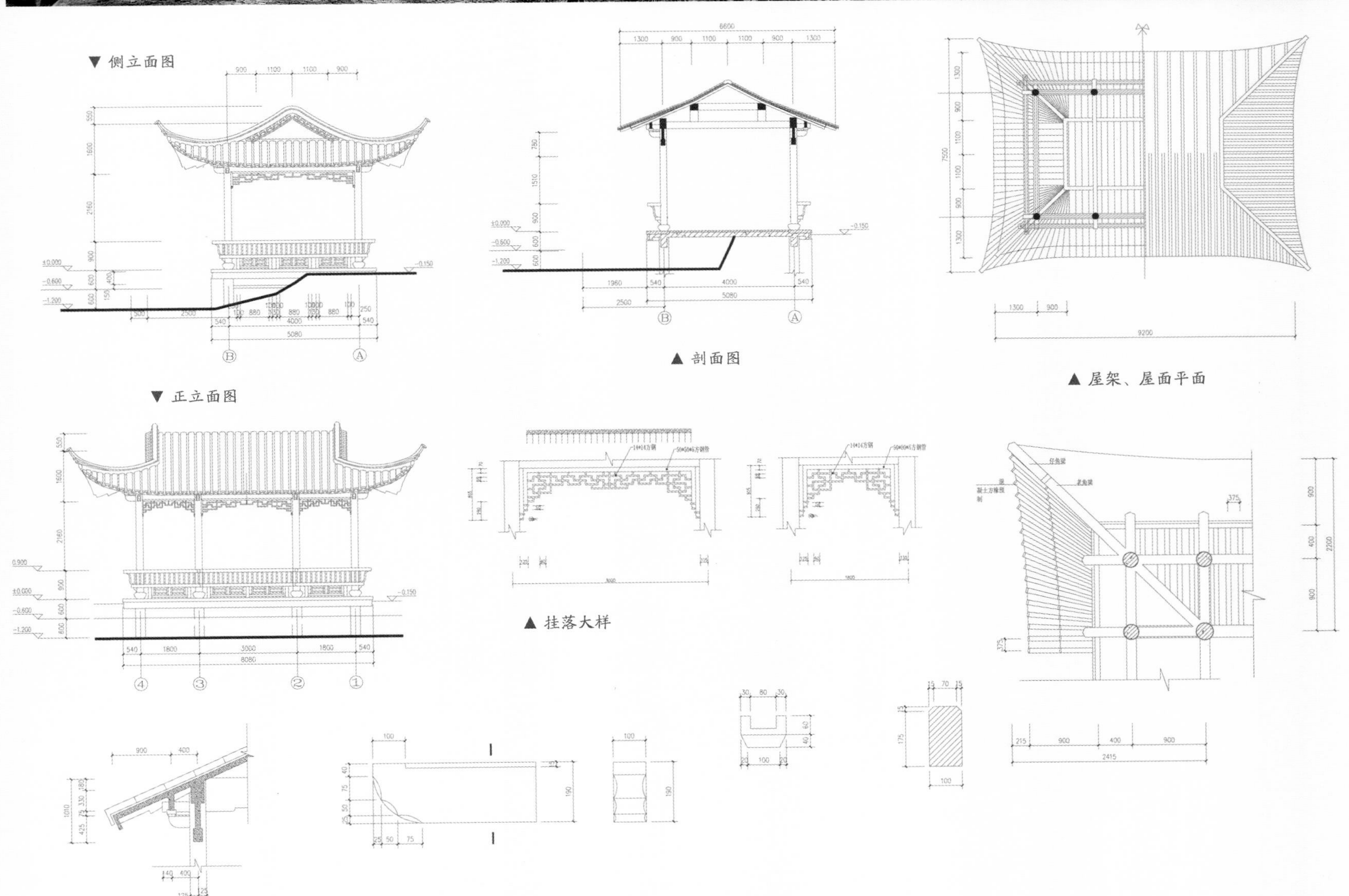
▼ 侧立面图
▲ 剖面图
▲ 屋架、屋面平面
▼ 正立面图
▲ 挂落大样

【小蓬莱】

通过平栏曲桥，到了中部水池的小岛“小蓬莱”。传说渤海中有蓬莱、方丈、瀛洲三座仙山。秦始皇曾经派徐福前往求长生不死之仙丹，同时又在自己的宫院中仿造了三座仙山。这以后在水池中构筑三座“仙山”，即所谓“一池三岛”就成了古典园林造园的常用造景手法。留园中部的水池略成方行，比较规整。桥岛在划分水面的同时，使水面造成了旷、幽不同的两种水面效果。另外，在构筑中部假山时，特意在水池西部造成一条狭窄的山涧，令人产生池水渊源不尽之感，使池水活了起来。

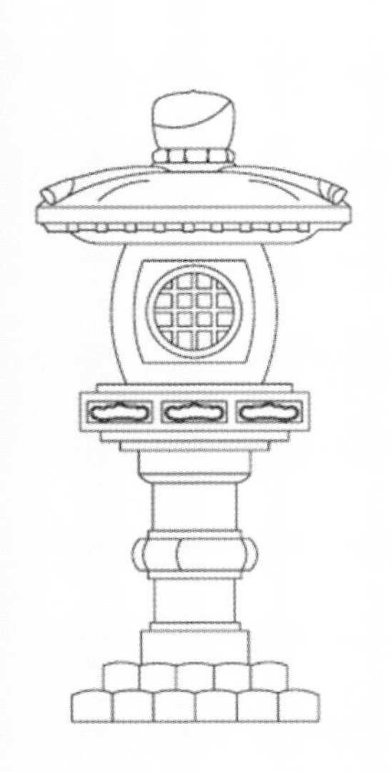

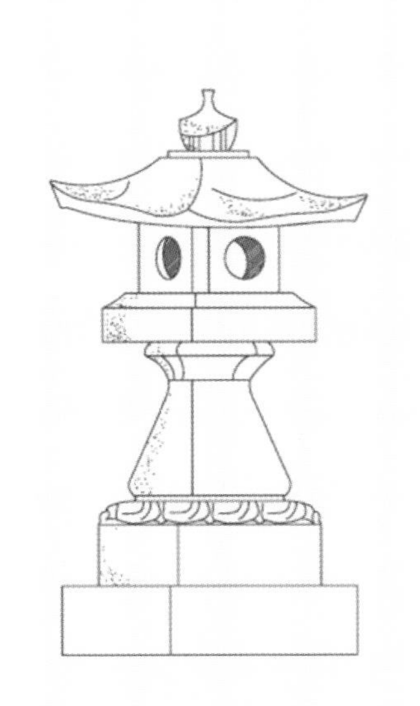

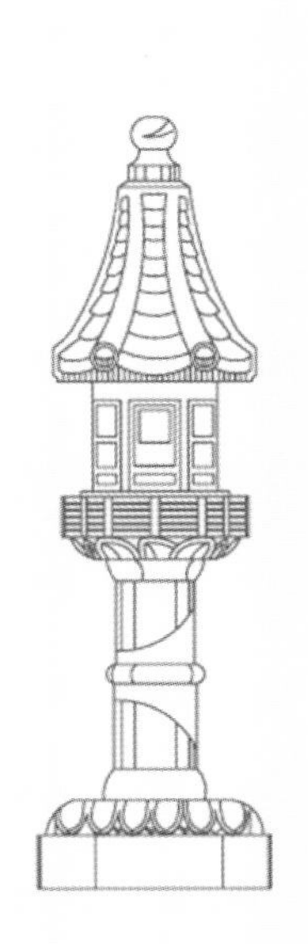

東山絲竹
林泉耆碩之館

【五峰侧馆内】

留园东部的主要建筑五风仙馆，这座高大宽敞的大厅，装修精美、陈设古雅，素有“江南第一厅堂”之美誉。以前厅内梁柱均为楠木，所以又有楠木厅之称。因南面小院中有湖石假山，具有庐山五老峰的写意神韵，于是取唐代李白“庐山东南五老峰，青天秀出金芙蓉”的诗意，将大厅命名为五峰仙馆。厅中扁额上的“五峰仙馆”四个字是园主盛康请金石名家吴大题。

【雨过天晴图】

留园的五峰仙馆内保存有一件号称“留园三宝”之一的大理石天然画——“雨过天晴图”。只见一面大理石立屏立于墙边，石表面中间部分隐隐约约群山环抱，悬壁重叠，下部流水潺潺，瀑布飞悬，上部流云婀娜，正中上方，一轮白白的圆斑，就像一轮太阳或者一轮明月，给人以“雨后静观山”的意境。这是自然形成的一幅山水画。这块直径一米左右的大理石出产于云南点苍山山中，厚度也仅有 15 毫米。

江苏苏州拙政园

曲水回廊一镜开
鸟鸣声里旧亭台
池风忽卷莲裙乱
惊看芙蓉红映腮

拙政园

拙政园是中国古典园林的经典之作，是中国四大名园之一。园林的分割和布局非常巧妙，把有限的空间进行分割，充分采用了借景和对景等造园艺术，因此拙政园的美在不言之中。其因有江南才子文征明参与设计，文人气息尤其浓厚，处处诗情画意。园以水景取胜，平淡简远，朴素大方，保持了明代园林疏朗典雅的古朴风格。

历史文化背景

明正德四年（1509 年），拙政园由王献臣初建，取名“拙政”是因晋朝《闲居赋》的一段话：“筑室种树，逍遥自得……灌园鬻蔬，以供朝夕之膳……此亦拙者之为政也”。有朴实之人在自家花园为政的巧意。当时，园面积约 134 000 平方米，规模比较大。王献臣死后，其子一夜赌博将园输给阊门外下塘徐氏的徐少泉。此后，徐氏在拙政园居住长达百余年之久，后徐氏子孙亦衰落，园渐荒废。

崇祯四年（1631 年），已破落近三十年并荡为丘墟的东部园林归侍郎王心一所有。王心一善画山水，悉心经营，布置丘壑，将其重新修复，于崇祯八年（1635 年）落成，并将“拙政”改名为“归园田居”，取意陶渊明的诗。

清顺治十年（1653 年），陈之遴曾购得此园。1662 年，拙政园充公，被圈封为宁海将军府，次第为王、严两镇将所有。康熙年初，曾为驻防将军府、兵备道行馆。其后又给予陈之遴的儿子，再卖给吴三桂的女婿王永宁，王永宁曾大兴土木，堆帜丘壑，使园大为改变。

康熙十八年(1679年)，拙政园改为苏松常道新署，他将园又修葺一新，增置堂三楹。乾隆三年(1738年)，蒋棨接手此园，并将园中规模略做更改，东边的庭院切分为中、西两部分。当时园内荒凉满目，蒋氏经营有年，始复旧观。但蒋棨殁后，园就逐渐荒落了。

清嘉庆十四年（1809年），刑部郎中海宁查世倓购得此园。其时园中池堙石颓，查氏修缮经年，焕然一新，仍名复园。但为时不久，至嘉庆末年又归吏部尚书协办大学士平湖吴璥，其子观察晋德也曾居此，故苏人呼为“吴园”。

咸丰十年（1860年），太平天国运动时期，忠王李秀成曾以此园当做苏州的重要基地，改之为忠王府。光绪三年（1877年），富贾张履谦接手此园，改名为“补园”。当时拙政园的腹地缩小到80 000平方米，张履谦大举装修了相当多细致部份，因此奠定了拙政园今日之基础。

同治年间的江苏巡抚李鸿章、张之万，辛亥革命伊始时的江苏都督程德全，抗战时期的伪江苏省省长陈则民都看中了拙政园。时疫医院、戒烟所、区公所都曾是拙政园的别名。至抗战爆发前夕，一代名园衰落至“狐鼠穿屋，藓苔蔽路”的境地。民国二十六年（1937年）冬，日本侵略军飞机几度轰炸苏州，远香堂受震破损，南轩被焚毁，园内亭阁倾圮，枯苇败荷，荒秽不堪。

1945年，日伪政府垮台。补园仍归张氏，奉直会馆仍归奉直同乡会。1946年，国立社会教育学院自四川壁山迁苏州，借奉直会馆为校舍，又以原归田园居废址为教职员工宿舍，并购得原归田园居以外一处菜地（今拙政园东部天泉亭一带），改为操场。1948年，社会教育学院以校舍不足，向张氏后人租借补园。1949年，中共解放苏州。社教学院迁无锡，原校舍即拙政园改为苏南苏州行政区专员公署。张氏后人向新朝献补园。1951 年 11 月，拙政园划归苏南区文物管理委员会管理，文管部门立即修缮，延请专家名匠，规划整治，按原样修复。1952 年 11 月 6 日，整修后的拙政园中部和西部正式开放，成为普通百姓休闲游玩的去处。

1961 年拙政园被国务院列为首批全国重点文物保护单位。1991 年被国家计委、旅游局、建设部列为国家级特殊游览参观点。1997 年被联合国教科文组织列为世界文化遗产。

建筑布局

拙政园全园占地约 52 000 平方米，分为东、中、西和住宅四个部分。住宅是典型的苏州民居，布置为园林博物馆展厅。拙政园中现有建筑大多为清咸丰九年（1850 年）其作为太平天国忠王府花园时重建的，至清末形成东、中、西三个相对独立的小园。拙政园的布局采取分割空间、利用自然、对比借景的手法，吸收传统的绘画艺术，因地造景，景随步移，创造了“山花野鸟之只间”山水相映的自然风光，早就被誉为“一郡园亭之甲”，当之无愧，堪称是江南古典园林之杰作。

东部

东部原称“归田园居”。因归园早已荒芜，全部为新建，布局以平冈远山、松林草坪、竹坞曲水为主。配以山池亭榭，仍保持疏朗明快的风格，主要建筑有兰雪堂、芙蓉榭、天泉亭、缀云峰等，均为移建。拙政园的建筑还有澄观楼、浮翠阁、玲珑馆和十八曼陀罗花馆等。

中部

中部是拙政园的主景区，为精华所在。其总体布局以水池为中心，亭台楼榭皆临水而建，有的亭榭则直出水中，具有江南水乡的特色。池广树茂，景色自然，临水布置了形体不一、高低错落的建筑，主次分明。总的格局仍保持明代园林浑厚、质朴、疏朗的艺术风格。

西部

西部原为“补园”，其水面迂回，布局紧凑，依山傍水建以亭阁。因被大加改建，所以乾隆后形成的工巧、造作的艺术的风格占了上风，但水石部分同中部景区仍较接近，而起伏、曲折、凌波而过的水廊、溪涧则是苏州园林造园艺术的佳作。

庭院错落

在园林山水和住宅之间，穿插了两组庭院，较好地解决了住宅与园林之间的过渡。同时，对山水景观而言，由于园中大小不等的院落空间的对比衬托，主体空间显得更加疏朗、开阔。这种园中园、多空间的庭院组合以及空间的分割渗透”、对比衬托；空间的隐显结合、虚实相间空间的蜿蜒曲折、藏露掩映；空间的欲放先收、欲扬先抑等等手法，其目的是要突破空间的局限，收到小中见大的效果，从而取得丰富的园林景观。

以水见长

拙政园采用借景和对景等多种造园艺术。它利用园地多积水的优势，疏浚为池；望若湖泊，形成晃漾渺弥的个性和特色。拙政园中部现有水面近 4 000 平方米，约占园林面积的三分之一，“凡诸亭槛台榭，皆因水为面势”，用大面积水面造成园林空间的开朗气氛，基本上保持了明代“池广林茂”的特点。拙政园中部现有山水景观部分，约占据园林面积的五分之三。池中有两座岛屿，山顶池畔仅点缀几座亭榭小筑，景区显得疏朗、雅致、天然。这种布局虽然在明代尚未形成，但它具有明代拙政园的风范。

设计特色

经过几百年的苍桑变迁，至今仍保持着平淡疏朗、旷远明瑟的明代风格，被誉为“中国私家园林之最”。拙政园的总体布局以水为中心，园景开阔疏朗，极富自然情趣，具有江南水乡的特色。中部山水明秀，厅榭典雅，花木繁茂，是全园的精华所在。西部水廊逶迤，楼台倒影，清幽恬静。东部平岗草地，竹坞曲水，空间开阔。

【史海拾贝】

从《祖东舒翁祠堂记》碑刻中可以得知，后寝大殿快要完工时，遇到了一些突发状况，工程被迫停了下来，过了70年以后，才又开始重建，并在后寝之上加盖了一层楼阁。寝殿作为安放男性祖先牌位的神圣殿堂，为什么在后寝之上加盖了一层楼阁？后人自有很多种猜测。实际上，建造此阁的原因，是为了珍藏与皇恩有关的圣旨、御赐、官诰、皇榜等东西，故取名为“宝纶阁”，以体现“君在上，民在下”的建筑理念；二则是为了建筑上的需要，也就是为了使后寝的高度超过享堂，以使整个祠堂建筑保持一种一进高过一进的视觉感。

【天泉亭】

天泉亭是一座重檐八角亭，出檐高挑，外部形成回廊，庄重质朴，围柱间有坐槛。四周草坪环绕，花木扶疏。亭北平岗小坡，林木葱郁。亭子之所以取“天泉”这个名字，是因为亭内有口古井，相传为元代大宏寺遗物。此井终年不涸，水质甘甜，因而被称为“天泉”。

【小飞虹】

小飞虹是苏州园林中极为少见的廊桥。朱红色桥栏倒映水中，水波粼粼，宛若飞虹，故以为名。古人以虹喻桥，用意绝妙。它不仅是连接水面和陆地的通道，而且构成了以桥为中心的独特景观，是拙政园的经典景观。

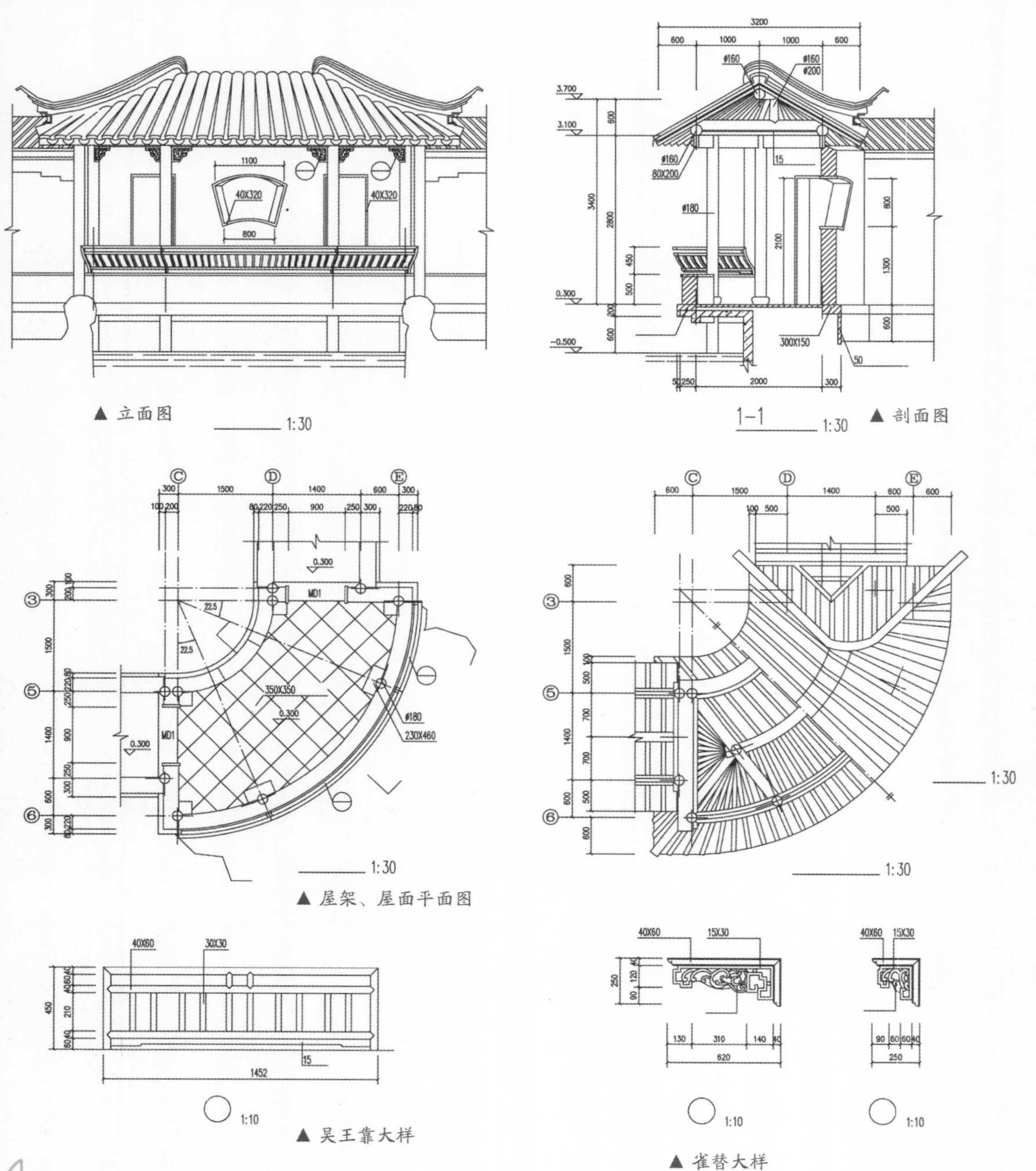

▲ 立面图

▲ 剖面图

▲ 屋架、屋面平面图

▲ 吴王靠大样

▲ 雀替大样

【与谁同坐轩】

小亭非常别致，修成折扇状。苏东坡有词“与谁同坐？明月、清风、我”，故名“与谁同坐轩”。轩依水而建，平面形状为扇形，屋面、轩门、窗洞、石桌、石凳及轩顶、灯罩、墙上匾额、半栏均成扇面状，故又称作“扇亭”。

【波形廊】

波形廊在西花园与中花园交界处的一道水廊，是别处少见的佳构。从平面上看，水廊呈“L”形环池布局，分成两段，临水而筑，南段从别有洞天入口，到卅六鸳鸯馆止；北段止于倒影楼，悬空于水上。若远看水廊，便似长虹卧波，气势不凡。

私家园林

唤我開門迎曉月

松風水閣

江苏苏州沧浪亭

灿烂独步亦无悰
聊上危台四望中
秋色入林红黯淡
日光穿林翠玲珑

沧浪亭是一处始建于北宋时代的汉族古典园林建筑，为文人苏舜钦的私人花园。它以清幽古朴见长，布局和风格在苏州诸名园中别树一帜。建筑环山布置，因葑溪河绕园而过，故未入其园，借河成景，使园外之水与园内之山相映成趣、相得益彰，自然地融为一体，此可谓“借景”的典范。沧浪亭内曲廊壁上嵌有各式漏窗，共有108种式样，无一雷同，在苏州园林中独一无二。

历史文化背景

沧浪亭位于苏州城南沧浪亭街，是现存苏州历史最为悠久的园林。其地初为五代时吴越国广陵王钱元璙近戚中吴军节度使孙承祐的池馆。北宋庆历五年（1045年），诗人苏舜钦（子美）流寓吴中，以四万钱购得园址，进行修筑，傍水建亭名“沧浪”，取《孟子·离娄》和《楚辞》所载孺子歌“沧浪之水清兮，可以濯吾缨；沧浪之水浊兮，可以濯吾足”之意，自号“沧浪翁”，并作《沧浪亭记》。欧阳修应邀作《沧浪亭》长诗，诗中以“清风明月本无价，可惜只卖四万钱”题咏此事。自此，“沧浪亭”名声大振。

苏氏之后，沧浪亭几度荒废。南宋初年（12世纪初），为抗金名将韩世忠所居，人称韩园。元延祐年间僧宗敬在其遗址建妙隐庵。明嘉靖三年（1524年），苏州知府胡缵宗于妙隐庵建韩蕲王祠。嘉靖二十五年

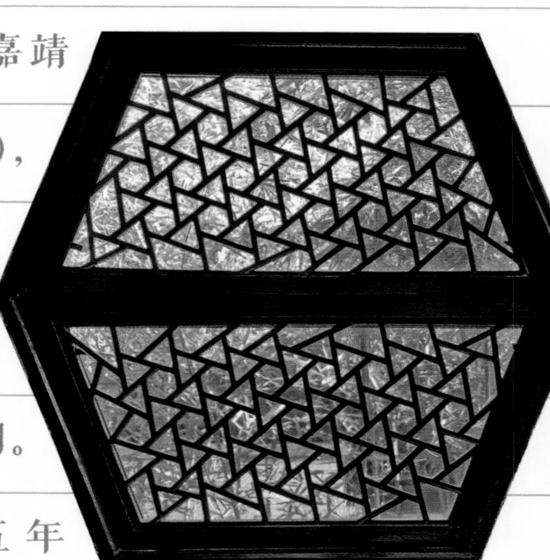

（1546 年）僧文瑛复建沧浪亭，归有光作《沧浪亭记》。清康熙二十三年（1684 年），江苏巡抚王新命建苏公（舜钦）祠。康熙三十四年（1695 年），江苏巡抚宋荦寻访遗迹，又建沧浪亭于山上，并筑观鱼处、自胜轩、步碕廊等，形成今天沧浪亭的布局基础，并以文征明隶书“沧浪亭”为匾额。道光年间，增建五百名贤祠，咸丰十年（1860 年）毁于兵火。同治十二年（1873 年）再次重建，才成今天的布局。沧浪亭虽因历代更迭有兴废，已非宋时初貌，但其古木苍老郁森，还一直保持旧时的风采，部分地反映出宋代园林的风格。

此园数易其主，历经沧桑，但多是建物的倾毁修复，而园中假山，园外池水，大多保持旧貌。沧浪亭现为江苏省文物保护单位，已被联合国教科文组织列入世界文化遗产。2006 年 5 月 25 日，沧浪亭作为元至清古建筑，被国务院批准列入第六批全国重点文物保护单位名单。

建筑布局

沧浪亭以清幽古朴见长，布局和风格在苏州诸名园中别树一帜。布局以山为主，水绕园外，成为外景，建筑环山布置。沧浪亭则外临清池，一泓清水绕园而过，河流自西向东，绕南而出，流经园的一半。此布局融园内外景于一体，借助“积水弥数十亩”的水面，扩大了空间，造成深远空灵的感觉。

全园布局，自然和谐，堪称构思巧妙、手法得宜的佳作。从北门渡石桥入园，两翼修廊委蛇，中央山丘石土相间，林木森郁。沿西廊南行，至西南小院，有枫杨数株大可合抱，巨干撑天，枝繁叶茂，院墙表面嵌有多幅雕砖，刻画历史人物故事。东侧为清香馆和五百名贤祠，祠建于道光七年，内壁嵌砌本地历代名人线刻肖像及小传数百方。再南有厅屋翠玲珑和看山楼，环境清幽。由此折东，为明道堂一组庭院，此堂为园中最大建筑，格局严整。堂北山巅，绿荫丛中，有石柱方亭名沧浪亭。下山有复廊景通内外，复廊外侧临水。还有小亭观鱼处和厅屋面水轩，可俯览园外水景。

“借景”典范

全园景色简洁古朴，落落大方。不以工巧取胜，而以自然为美。所谓自然，一是不矫揉造作，不妄加雕饰，不露斧凿痕迹；二是表现得法，力求山水相宜，宛如自然风景。沧浪亭园外景色因水而起，园门北向而开，前有一道石桥，一湾池水由西向东，环园南去清晨夕暮，烟水弥漫，极富山岛水乡诗意。而园内布局以山为主，入门即见黄石为主，土石相间的假山，山上古木新枝，生机勃勃，翠竹摇影于其间，藤蔓垂挂于其上，自有一番山林野趣。建筑亦大多环山，并以长廊相接。但山无水则缺媚，水无山则少刚，遂沿池筑一复廊，蜿蜒曲折，既将临池而建的亭榭连成一片，不使孤单，又可通过复廊上一百余图案各异的漏窗两面观景，使园外之水与园内之山相映成趣、相得益彰，自然地融为一体，此可谓“借景”的典范。

设计特色

沧浪亭主要景区以山林为核心，四周环列建筑，亭及依山起伏的长廊又利用园外的水面，通过复廊上的漏窗渗透作用，沟通园内、外的山、水，使水面、池岸、假山、亭榭融成一体。园中山上石径盘旋，古树葱茏，箬竹被覆，藤萝蔓挂，野卉丛生，朴素自然，景色苍润如真山野林。沧浪亭外临清池，曲栏回廊，古树苍苍，垒叠湖石，人称“千古沧浪水一涯，沧浪亭者，水之亭园也”。

【史海拾贝】

苏舜钦为人豪放不受约束，喜欢饮酒。他在岳父杜祁公的家里时，每天黄昏的时候读书，并边读边饮酒，动辄一斗。岳父对此深感疑惑，就派人去偷偷观察他。当时他在读《汉书·张良传》，当他读到张良与刺客行刺秦始皇抛出的大铁椎只砸在秦始皇的随从车上时，他拍案叹息道："真可惜呀！没有打中。"于是满满喝了一大杯酒。又读到张良说："自从我在下邳起义后，与皇上在陈留相遇，这是天意让我遇见陛下呀。"他又拍案叹道："君臣相遇，如此艰难！"又喝下一大杯酒。杜祁公听说后，大笑说："有这样的下酒物，一斗不算多啊。"（原文出自元·陆友仁《研北杂志》）苏舜钦以书为下酒物，其豪放直率可爱的书生风采如今仍跃跃出现在我们眼前，让人真正知道读书之乐乐如此，其读书佐酒的事迹传为美谈。

【漏窗】

沧浪亭内曲廊壁上嵌有各式漏窗，共有108种式样，无一雷同，在苏州园林中独一无二。设计者通过大大小小的漏窗，使整个空间看上去多了一份生气和活力，而且在分割景区时可以使空间似隔非隔，景物若隐若现，富于层次。而漏窗本身的图案也是绚烂多彩，在不同的光线照射下产生富于变化的阴影，其本身也成为了点缀园景的活泼题材，使整个园林的空间美感得到了提升。漏窗图案象征意味颇多，工匠利用漏窗这种艺术的表现方式把美好的寓意表达出来，托物言志，给人们带来吉祥，表达了希望美好幸福的心愿。

沧浪亭
清風明月本無價

沧浪亭
近水遠山皆有情
清風明月本無價

【沧浪亭】

著名的沧浪亭即隐藏在山顶上，它高踞丘岭，飞檐凌空。亭的结构古雅，与整个园林的气氛相协调。亭四周环列有数百年树龄的高大乔木五、六株。亭上石额“沧浪亭”为俞樾所书。石柱上石刻对联：清风明月本无价，近水远山皆有情。上联选自欧阳修的《沧浪亭》诗中“清风明月本无价，可惜只卖四万钱”句，下联出于苏舜钦《过苏州》诗中“绿杨白鹭俱自得，近水远山皆有情”句。

【明道堂】

园中最大的主体建筑是假山东南部面阔三间的“明道堂”。明道堂取“观听无邪，则道以明”之意为堂名。它为明、清两代文人讲学之所。堂在假山、古木掩映下，屋宇宏敞，庄严肃穆。墙上悬有三块宋碑石刻拓片，分别是天文图，宋舆图和宋平江图（苏州城市图）。相传乾隆帝南巡时，曾召誉满江浙的苏州评弹艺人王周士于此堂内说书。堂南，“瑶华境界”、“印心石层”、“看山楼”等几处轩亭都各擅其胜。

上海豫园

点春堂上拜英雄
堂外夭桃血似红
昨日小刀今日舞
东风真个压西风

豫园

豫园规模宏伟、景色佳丽。整个建筑群布局错落有致，亭、台、楼、阁、榭等由一条曲径回廊连贯一气，设计精巧，以清幽秀丽、玲珑剔透见长，体现明清两代南方园林建筑艺术的风格，让人流连忘返。主体建筑可分为大假山、万花楼、点春堂、会景楼、玉玲珑、内园六处景区，每个景区都有其独特的景色。园林采用抑景手法，藏露互补，遮隔景深，给人增添无尽遐想。

历史文化背景

豫园位于上海市老城厢的东北部，北靠福佑路，东临安仁街，西南与上海老城隍庙毗邻，是著名的江南古典园林。豫园原是明代的一座私人园林，始建于嘉靖、万历年间，距今已有四百余年历史。园主人潘允端，曾任四川布政使。其父潘恩，字子仁，号笠江，官至都察院左都御史和刑部尚书。潘家是当时上海的望门大族。明嘉靖三十二年（1553年），长达九里的上海城墙建成，使及东南沿海的倭患逐渐平息，二十余年来生命财物经常受到威胁的上海人民稍得安定，社会经济得到恢复并开始繁荣。士大夫们纷纷建造园林，怡情养性，弦歌风月。潘恩年迈辞官告老还乡，潘允端为了让父亲安享晚年，从明嘉靖己未年（1559年）起，在潘家住宅世春堂西面的几畦菜田上，聚石凿池，构亭艺竹，建造园林。经过二十余年的苦心经营，建成了豫园。“豫”有“平安”、“安泰”之意，取名“豫园”，有“豫悦老亲”的意思。

豫园当时占地约 46 667 平方米，由明代造园名家张南阳精心设计，并亲自参与施工。整座园林规模宏伟、景色佳丽。古人称赞豫园“奇秀甲于东南”、“东南名园冠”。潘允端晚年家道中落。明万历二十九年（1601 年）潘允端去世，潘氏家庭日趋衰微，无力承担园林修缮和管理所需的巨大开支。

明朝末年，豫园为张肇林所得。其后至清乾隆二十五年（1760 年），为不使这一名胜湮没，当地的一些富商士绅聚款购下豫园，并花了二十多年时间，重建楼台，增筑山石。因当时城隍庙东已有东园，即今内园，豫园地稍偏西，遂改名为西园。

清道光二十二年（1842 年）第一次鸦片战争爆发，外国侵略者入侵上海，英国军队强占豫园，大肆蹂躏。“一望凄然，繁华顿歇……园亭风光如洗，泉石无色”。清咸丰三年（1853 年），上海小刀会响应太平天国革命，在上海发动起义。起义失败后，清兵在城内烧杀抢掠，豫园被严重破坏，点春堂、香雪堂、桂花厅、得月楼等建筑都被付之一炬。

清咸丰十年（1860 年），太平军进军上海，满清政府勾结英法侵略军，把城隍庙和豫园作为驻扎外兵场所，在园中掘石填池，造起西式兵房，园景面目全非。清光绪初年（1875 年）后，整个园林被上海豆米业、糖业、布业等二十余个工商行业所划分，建为公所。至新中国成立前夕，豫园亭台破旧，假山倾圮，池水干涸，树木枯萎，旧有园景日见湮灭。

1956 年起，豫园进行了大规模的修缮，历时五年，于 1961 年 9 月对外开放。现豫园占地约 2 万平方米，楼阁参差，山石峥嵘，树木苍翠，以清幽秀丽，玲珑剔透见长，具有小中见大的特点，体现出明清两代江南园林建筑的艺术风格。

1982 年被国务院列为全国重点文物保护单位，散布于豫园的许多砖雕、石雕、泥塑、木刻，不仅历史悠久，而且十分精致。《神仙图》《八仙过海》《广寒宫》《郭子仪上寿图》《梅妻鹤子》《上京赶考》《连中三元》等极具文物价值和观赏价值。豫园作为中国传统文化的载体，从建园时即和书画结缘。明代著名书画家王稚登、董其昌、王世贞、莫是龙等就曾在豫园赋诗题额、挥毫作画。宣统元年（1909 年），高邕、杨逸、钱慧安、吴昌硕、王一亭等在得月楼发起组织的"豫园书画善会"成了海上画派的滥觞。经过多年积累，豫园现珍藏书画、家具、陶瓷等珍贵文物数千件。

建筑布局

豫园的建筑群布局错落有致，亭、台、楼、阁、榭等由一条曲径回廊连贯一气，设计精巧，以清幽秀丽、玲珑剔透见长，体现明清两代南方园林建筑艺术的风格，让人流连忘返。

豫园按主体建筑可分为大假山、万花楼、点春堂、会景楼、玉玲珑、内园六处景区，每个景区都有其独特的景色。入园不久就可以看到一座大型假山，层峦叠嶂，清泉飞瀑，完若真景。假山以武康黄石叠成，出自江南著名的叠山家张南阳之手，享有"江南假山之冠"美誉。"萃秀堂"是假山区的主要建筑物，位于假山的东麓，面山而筑。自萃秀堂绕过花廊，入山路，有明代祝枝山所书的"溪山清赏"石刻。到达山顶时有一个平台，于此四望，全园景物，一览无余。

从鱼禾榭到万花楼一带，有游廊、溪流、山石等景物，多庭院小景，极具玩味。向东则有著名的点春堂。点春堂之南有会景楼和玉华堂。玉华堂完全是古代书斋的摆设，书案、画案、靠椅、躺椅等都是明代紫檀木家具的珍品。玉华堂前的白玉兰树是上海最古老的市花树。玉华堂前面，环龙桥北首，一块高大的太湖石卓然而立，它就是著名的“玉玲珑”，玲珑剔透，具有皱、漏、瘦、透之美。

内园原名“东园”，本来自成一体，现在辟为豫园的一部分，始建于清康熙四十八年(1709年)，占地约133 4 平方米，山石池沼、厅堂楼观、亭台轩阁，样样俱全，园内的花墙、小廊等建筑错落有致，层次分明。“晴雪堂”是该园的主要建筑物，装饰华丽，构造精巧，玲珑剔透。堂东有溪流，与廊亭、花墙一起组成了一座小型的庭院，庭院内的景物布局紧凑，深具中国园林艺术的特色。园门外还有湖心亭、九曲桥、荷花池，亦为豫园的胜景。

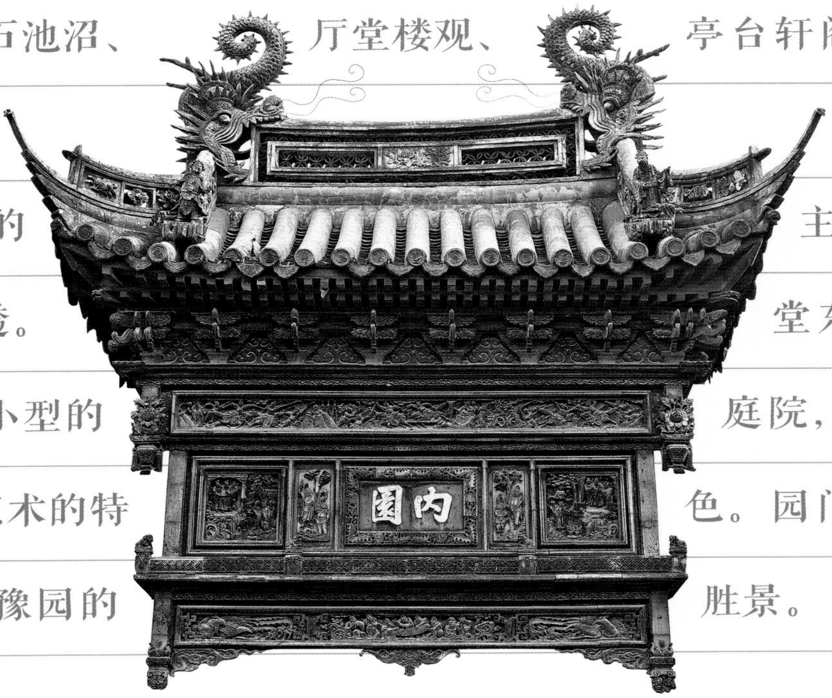

藏露互补，遮隔景深

藏与露是中国传统美学的一对范畴，而豫园作为立体的山水画，其艺术意境的生成，也离不开藏与露相辅相成的巧妙结合。豫园内鱼乐榭东的迂回复折长廊，称复廊，中间构筑方亭一座，匾额曰“会心不远”，意为不必走多远，便会欣赏到无限风景，这种“抑景”的手法同样给人增添无尽遐想。复廊东段用墙分隔为二条，墙上设窗洞，从窗洞左顾楼台掩映，右望溪流峰石，宛如小品图画。

设计特色

豫园内厅堂亭榭、游廊画舫等园林建筑错落而置。如点春堂，后有临水槛，可凭槛观鱼，面对打唱台。和煦堂在打唱台南面，面山背水，四面敞开。后面水池畔有假山，山上有方形小轩，名“学圃”。八角亭与学圃隔池相峙，亭中有古井一口，井栏为明代之物，称“古井亭”。和煦堂与点春堂东部假山上有座抱云岩，水石缭绕，洞壑深邃。抱云岩上有小楼，上下二层，上层名“快楼”，下层称“延爽阁”。点春堂北有藏宝楼，上下各五间；东有静宜轩、听鹂亭，可见建筑的密集。

【史海拾贝】

潘允端在《豫园记》中注明“匾曰‘豫园’，取愉悦老亲意也”。“豫”，有“安泰”、“平安”之意。足见潘允端建园目的是让父母在园中安度晚年。但因时日久拖，潘恩在园刚建成时便亡故，豫园实际成为潘允端自己退隐享乐之所。潘允端常在园中设宴演戏、请仙扶乩、相面算命、祝寿祭祖、写曲本、玩蟋蟀、放风筝、买卖古玩字画等，甚至打骂奴婢、用枷锁等惩罚僮仆。僧尼、相士、妓女、三教九流以及食客等频繁出入豫园。由于长期挥霍无度，加上造园耗资，以致家业衰落。潘允端在世时，已靠卖田地、古董维持。潘允端死后，园林日益荒芜。明末，潘氏豫园一度归通政司参议张肇林（潘允端孙婿）。清初，豫园几度易主，园址也被外姓分割。

【三穗堂】

三穗堂位于豫园正门处，清乾隆二十五年（1760 年）建。原为乐寿堂，清初曾被征为上海县衙办公之地，改建西园时重筑为三穗堂。其意为“禾生三穗，乃丰收之征兆”。它有五间大厅，屋宇宏敞。大厅中间有“城市山林”和“灵台经始”匾额。匾额下是当代书法家潘伯鹰书写，豫园主人潘允端撰文的《豫园记》，扇上雕刻着稻穗、黍稷、麦苗和瓜果。三穗堂南临大湖，堂前桧柏分植，景观颇广远，“湖心有亭，渺然浮水上，东西筑石梁，九曲以达于岸。”三穗堂在清代中叶曾为豆米业公所议事、定标准斛之所，又称“较斛厅”；还曾是官府召集乡士绅商宣讲皇帝谕旨之处，是当时沪上绅士富商的政治、经济活动场所。三穗堂南荷花池、凫佚亭、绿波廊、濠乐舫、鹤闲亭、清芬堂、凝晖阁等成为豫园外景点。

大假山
BIG ROCKERY
鱼乐榭
HAPPY FISH WATER SIDE PAVILION

溪山清赏

溪山清趣
请勿入内
NO ADMITTANCE
大假山
Huge Rockery

【仰山堂、卷雨楼】

仰山堂与卷雨楼位于三穗堂之后，与大假山隔池相望。清同治五年（1866 年）建。底层称“仰山堂”，上层为“卷雨楼”。仰山堂共 5 楹，后有回廊，曲槛临池，可小憩。望大假山景，池中倒影可鉴。堂中有“此地有崇山峻岭”匾，道出这里是观赏大假山景色的绝佳处。卷雨楼为曲折楼台，取唐诗“珠帘暮卷西山雨”之意，雨中登楼，烟雾迷蒙，山光隐约，犹如身入雨山水谷之中，为豫园绝景。

【点春堂、和煦堂】

点春堂于清道光初年（1820 年）为福建花糖业商人所建，以作公所之用，共五间。厅堂画栋雕梁，宏丽精致，门窗的扇上雕刻戏曲人物，栩栩如生。堂名取宋代诗人苏东坡词“翠点春妍”之意。咸丰三年（1853 年），小刀会领袖陈阿林在此设城北指挥部。现为仅存的小刀会起义遗址。堂内陈列着小刀会起义军用过的武器、自铸的日月钱以及发布的文告等文物。厅堂面对一座小戏台，镂金错彩，式样精巧，名“凤舞鸾吟”，俗称打唱台，是当年花糖业公所宴请演唱和岁时祭供之处。打唱台东南有小假山，水从假山下石窦中流出，汇成小池，戏台一半架在池中，非常幽雅。

点春堂后有临水槛，可凭槛观鱼，有匾额“飞飞跃跃”，字体飘逸洒脱。和煦堂在打唱台南面，面山背水，四面敞开，夏凉冬温，故取名“和煦”。后面水池畔有假山，山下有洞，流水潺潺；山上有方形小轩，名“学圃”。八角亭与学圃隔池相峙，亭中有古井一口，井栏为明代之物，称“古井亭”。和煦堂与点春堂东部假山上有座抱云岩，水石缭绕，洞壑深邃。抱云岩上有小楼，上下二层，上层名“快楼”，下层称“延爽阁”。登快楼可眺西面大假山和豫园全景。延爽阁画栋垂檐，精致错落。点春堂北有藏宝楼，上下各五间。东有静宜轩、听鹂亭。据民国《上海县续志》记载，点春堂初建时附近还有钓鱼矶、水神阁、一笑轩、庄乐亭等景，早已毁弃。

内園

【涵碧楼】

涵碧楼取意于宋代大诗人朱熹的“一水方涵碧，千林已变红”的诗意。涵碧楼是一栋二层楼的建筑，全部所用之木材选用于缅甸的上品楠木，因此也被称为“楠木雕花楼”。建筑内外配以精细的楠木雕刻：牡丹、月季、水仙、海棠、百合和梅花等一百余种花卉图案，还配上四十幅全本《西厢记》的故事图案。

广东广州宝墨园

宝墨园中古树青
水穿廊桥湖面平
怪石顶上飞白练
凉亭檐下风轻盈

宝墨园

宝墨园集清官文化、岭南古建筑、岭南园林艺术于一体，建筑、园林、山水、石桥等布局合理，和谐自然，构成一幅幅美丽壮观的景色。全园的水景堪称一绝，基本占了总面积的一半，贯穿整个园林。它是一个由建筑组群自由结合的开放性空间，采用了分散式的布局，并用桥、廊、道路、铺地等使建筑相互联系。园中陶塑、瓷塑、砖雕、灰塑、石刻、木雕等艺术精品琳琅满目，是一座园林艺术馆。

历史文化背景

宝墨园位于广东省广州市番禺区沙湾镇紫坭村，占地约 3 334 平方米，初是包相府，后称宝墨园。包相府庙始建于清代嘉庆年间，是奉祀北宋名臣、龙图阁大学士包拯的地方。因破四旧，文物毁于 20 世纪 50 年代，原址已变成民居。1995 年在港澳同胞及社会各界善长仁翁的鼎力捐助下，宝墨园得以重建。历时八载，经过四期建设，园面积扩至约 10 万平方米。

建筑布局

宝墨园集清官文化、岭南古建筑、岭南园林艺术、珠三角水乡特色于一体，建筑、园林、山水、石桥等布局合理，和谐自然，构成一幅幅美丽壮观的景色。全园的水景堪称一绝，水景基本占了总面积的一半，贯穿整个园林。它是一个由建筑组群自由结合的开放性空间，采用了分散式的布局，并用桥、廊、道路、铺地等使建筑相互联系。园内共有治本堂、宝墨堂、清心亭、仰廉桥、紫洞舫、龙图馆、千象回廊和风味食街这 8

大景区，40 多个景点，30 多座石桥，河湖众多，流水纵横。

框景、借景、对景

地形的起伏既丰富了园林，又创造了不同的视线条件，形成了不同风格的空间。宝墨园园从地形上把主景的位置提高，突出了亭子的重要性；从形体上加大主景的体量，把主景放在视线的交点处。它采用了框景的手法，在主景的周围设置建筑构件和其他小品，形成的景物好似被框在某一镜框的效果。而亭子是景区的趣味中心，是视线的焦点。它的位置很突出，充分利用了借景、对景的园林手法，揽周围美景于视线范围之内。亭子高低不一，左右不对称，但是借用周边的建筑小品和植物，使其达到了均衡。无论从哪个角度看，都非常舒适、美观。

设计特色

宝墨园正门的白石仿古牌坊，雄伟巍峨，巧夺天工。园中陶塑、瓷塑、砖雕、灰塑、石刻、木雕等艺术精品琳琅满目。其中不乏惊世之作，当数已列入大世界吉尼斯之最的瓷逆浮雕《清明上河图》。巨幅砖雕《吐艳和鸣壁》工艺精湛。荔岛中的聚宝阁金碧辉煌，雍容华丽，阁内供奉万世师表孔子铜像，供游人瞻仰。此阁与宝墨藏珍、龙图馆、赵泰来藏品馆等均珍藏的古今的名画、书法、陶瓷、铜器、玉器等，体现了中华民族文化源远流长，形成了独特的人文景观，是一座园林艺术馆。

【史海拾贝】

关于宝墨园还有一个传说。相传在清朝的嘉庆年间，宝墨园这个地方门前西江发大水，紫坭村的房屋都被水淹了。当时，有一段黑色的木头漂流到村边，村民发现了这块木头，就将它捞起来细细地察看，觉得也没什么特别的，于是就将它放回江里。谁知下游水大，木头又回流到村边来。这种情况再三出现，人们觉得十分奇怪，便把黑木头供奉起来。嘉庆四年间（1799 年）朝廷诛除贪官和珅，社会上掀起反贪倡廉之风。影响所及，人们自然希望能得到像包青天那样的清官来治理官吏，便把这块黑木头刻成包青天像，让大家来烧香拜祭。后来又在此建起包相府，就是现在宝墨园的前身。

包拯生于宋真宗咸平二年（999 年）卒于宋嘉祐七年（1062 年），

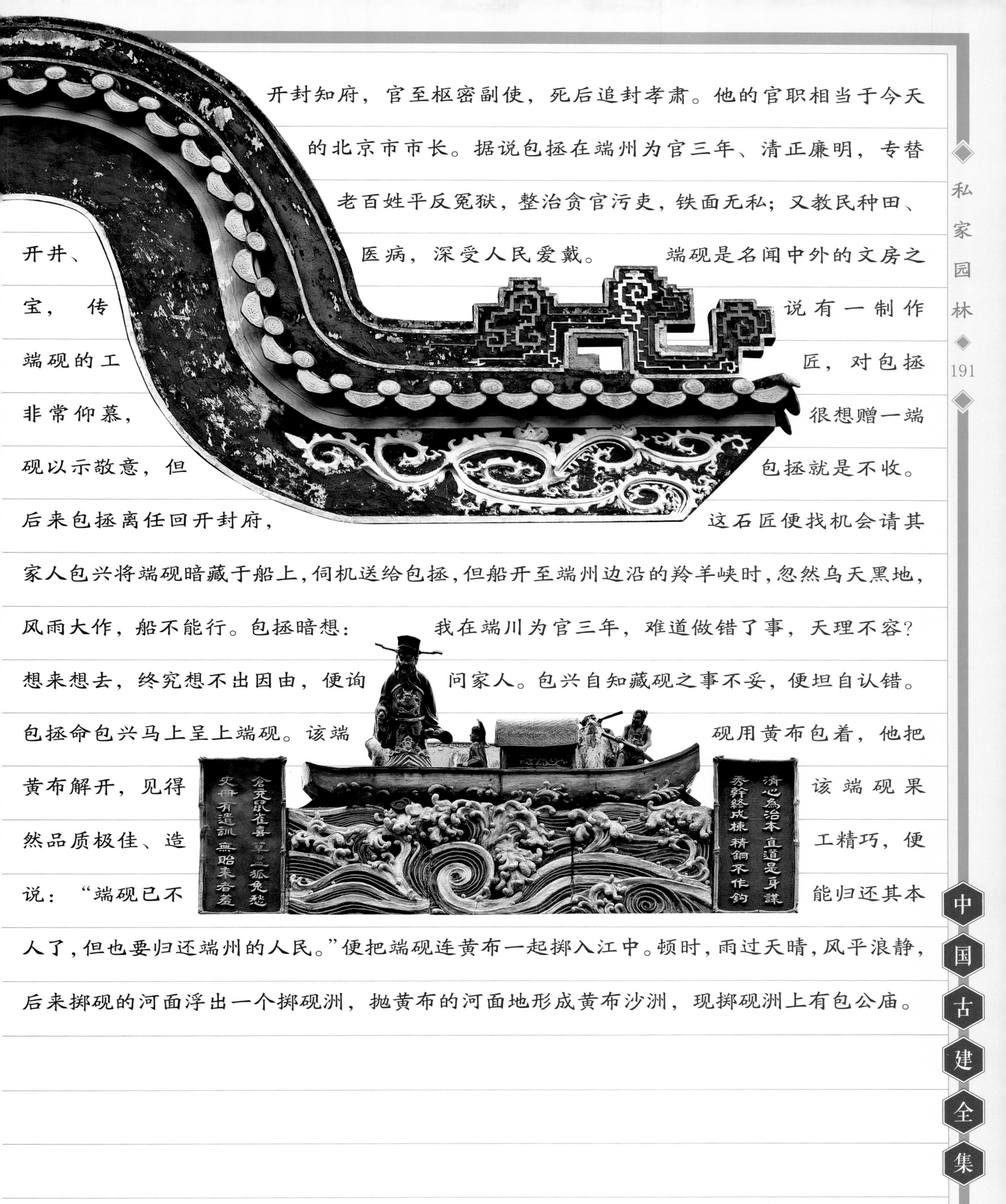

开封知府，官至枢密副使，死后追封孝肃。他的官职相当于今天的北京市市长。据说包拯在端州为官三年、清正廉明，专替老百姓平反冤狱，整治贪官污吏，铁面无私；又教民种田、开井、医病，深受人民爱戴。端砚是名闻中外的文房之宝，传说有一制作端砚的工匠，对包拯非常仰慕，很想赠一端砚以示敬意，但包拯就是不收。后来包拯离任回开封府，这石匠便找机会请其家人包兴将端砚暗藏于船上，伺机送给包拯，但船开至端州边沿的羚羊峡时，忽然乌天黑地，风雨大作，船不能行。包拯暗想：我在端川为官三年，难道做错了事，天理不容？想来想去，终究想不出因由，便询问家人。包兴自知藏砚之事不妥，便坦自认错。包拯命包兴马上呈上端砚。该端砚用黄布包着，他把黄布解开，见得该端砚果然品质极佳、造工精巧，便说：“端砚已不能归还其本人了，但也要归还端州的人民。”便把端砚连黄布一起掷入江中。顿时，雨过天晴，风平浪静，后来掷砚的河面浮出一个掷砚洲，抛黄布的河面地形成黄布沙洲，现掷砚洲上有包公庙。

涉趣

小橋經雨留清氣
花徑迴風散異香
寶墨堂
1.30m

小心上落
Mind the Stairs

仰康橋

游园指引

丙子年中秌

【宝墨堂】

宝墨堂正中悬挂的包拯画像，出自四川著名国画家韩云朗之手。在宝墨堂梁脊顶上，有一组包拯掷砚陶雕群像，站在宝墨堂对面的鉴清桥上便可看得一清二楚。宝墨堂前的两棵老榆树，树龄近百年，是充满古树风格的巨型盆景。由于它苍劲挺拔，又是在包拯像前，好像捍卫正义的卫士，所以人称树将军。

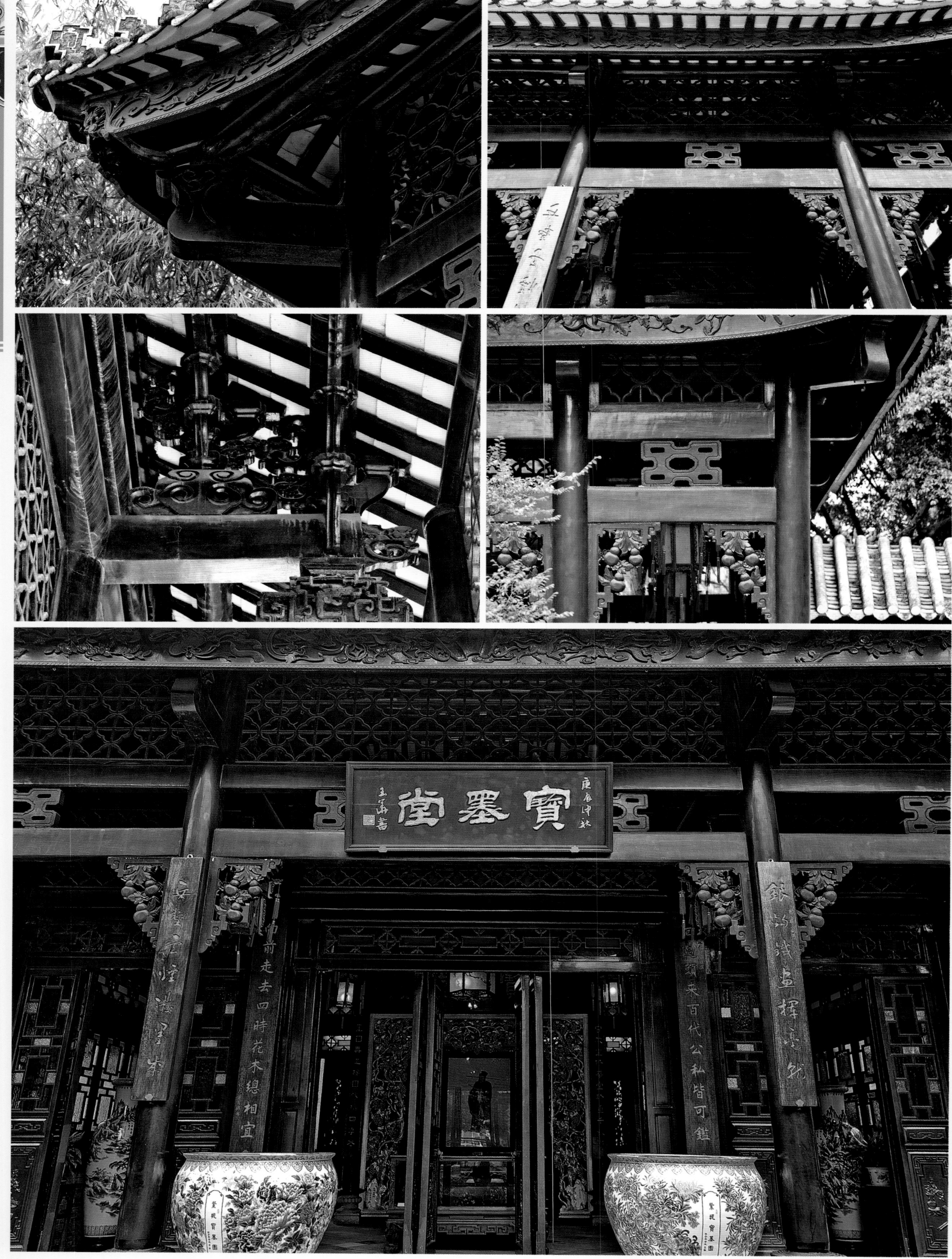
寶墨堂
庚寅仲秋
前走去四時花木總相宜
來百代公私皆可鑑

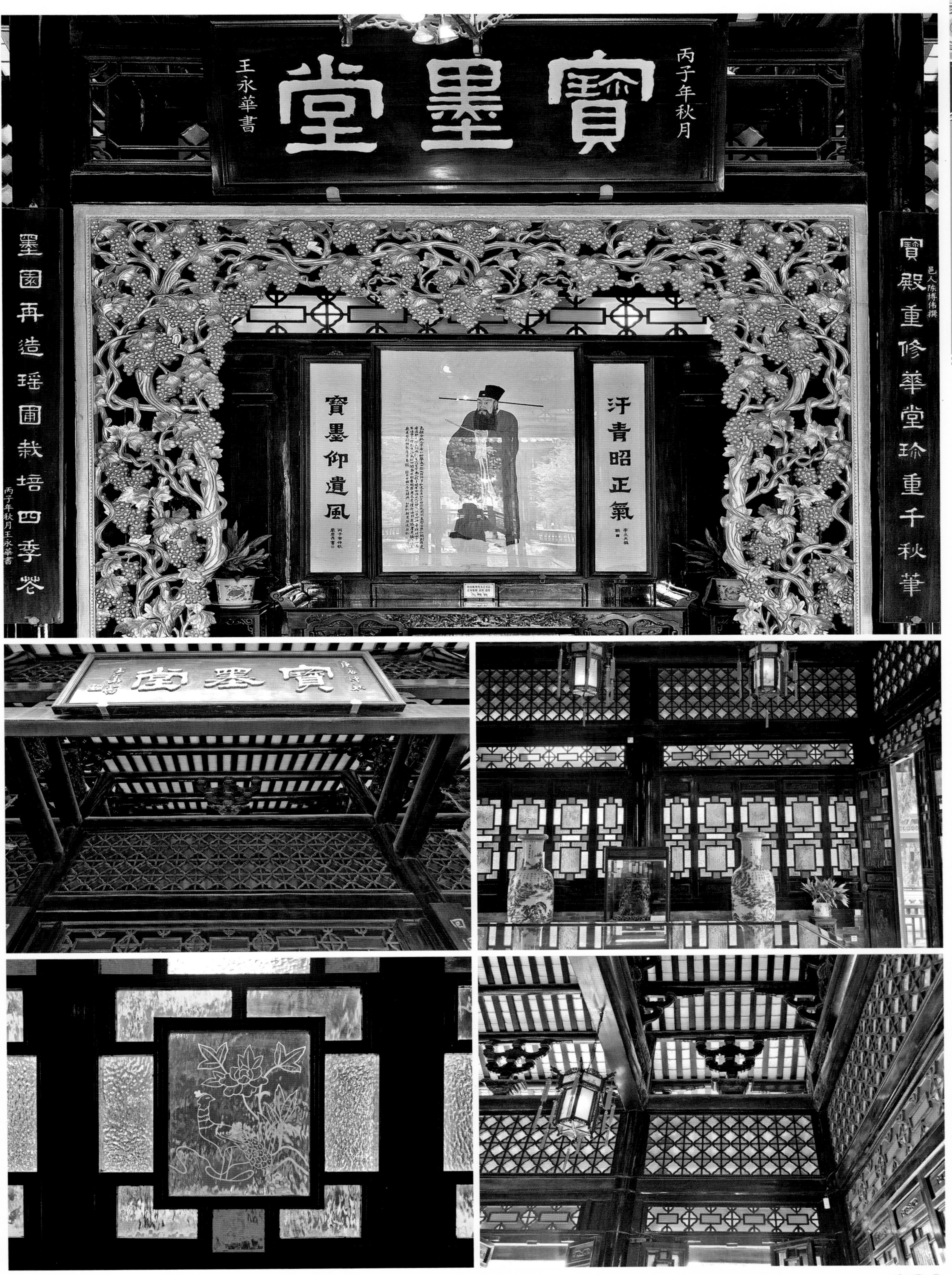

寶墨堂
丙子年秋月
王永華書
墨園再造瑤圃栽培四季花
丙子年秋月王永華書
寶殿重修華堂珍重千秋筆
邑人陈搏伟撰
寶墨仰遺風
汗青昭正氣

【治本堂】

赵泰来藏品馆治本堂原为包公厅，以包拯五言律诗《提训斋壁》中“清心为治本”取名，意指为官清廉是治国的根本。厅内悬挂着中国画《荷花》，象征包拯清廉圣洁。堂内的对联：“治绩越千年有德于民留后世，本源同一脉其清如水仰先贤。”歌颂包拯为政清廉的精神为后人所敬仰，我们同是炎黄子孙，包拯清廉如水的精神很值得后人敬佩和学习。治本堂后的“宝墨园”花岗石石匾，是旧宝墨园惟一的真迹。

【紫带桥】

紫带桥横跨清平湖，为传统的九孔石拱桥，造工精致。桥栏两旁有《东周列国志》《隋唐演义》和《三国演义》等家喻户晓的故事立体石雕。紫带桥前的紫气清晖大牌坊，是为纪念北宋名臣包拯，为颂扬清官文化而建的一座丰碑。这座牌坊在建筑风格上，是仿古礼制的五叠四柱、驼峰斗拱式的白麻石建筑。

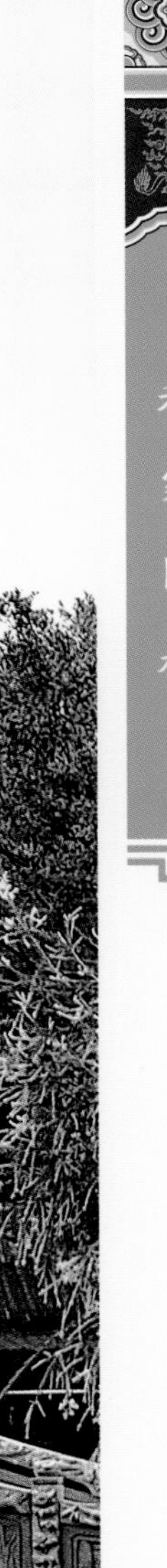

【紫洞舫】

宝墨园的紫洞舫“泊”于清平湖岸边。它长21米，宽6.8米，高8.7米，共两层，每层面积70米左右。它的主结构是钢筋水泥，内外装饰全是名贵柚木，由于造工精细，装饰巧妙，就像全是木材造成的。全舫共有10个挂落，全是通花雕刻，其中有“荔庆丰年”、“祥桃邀月”、“八仙贺寿”、“竹报平安”、“花开富贵”、“松鹤延年”以及其他花鸟虫鱼。船头上的大型木雕“百鸟朝凤”更是栩栩如生，金碧辉煌。其中100只鸟儿，各具风姿。舫内摆设，全由花梨和酸枝木精工制成，宫廷式的几椅，配以仿宋代器皿，豪华夺目。“九狮会金龙”大型屏风和《清明上河图》精彩片段的雕刻，造工精湛，更称精品。

米上刻字
古舫曲艺庆新年
——广东音乐粤曲欣赏专场

藝林苑

藝苑恢宏畫
陳銘新撰聯

亭華萎

广东广州余荫山房

丹桂迎旭日
杨柳楼台青
果坛兰幽径
石林咫尺形

余荫山房

余荫山房吸收了苏杭庭院建筑艺术风格，整座园林布局灵巧精致，以“藏而不露”和“缩龙成寸”的手法，布成咫尺山林，形成园中有园、景中有景、幽深广阔的绝妙佳境。园中之砖雕、木雕、灰雕、石雕等四大雕刻作品丰富多彩，其精湛的雕刻技艺和不朽的艺术价值，充分体现了古代汉族劳动人民的卓越才能和艺术创造力，尽显名园古雅之风。

历史文化背景

余荫山房又称余荫园，位于广州市番禺区南村镇东南角北大街，距广州17千米。余荫山房始建于清代同治三年（1864年），历时5年，于同治八年（1869年）竣工，距今已有150多年历史。山房为清代举人邬彬的私家花园。邬燕天做官几年后告老归田，隐居乡里，聘名工巧匠，吸收苏杭庭园建筑艺术之精华，结合闽粤庭园建筑艺术之风格，兴建了这座特色鲜明、千古流芳的名园。为纪念先祖的福荫，取“余荫”二字作为园名。与余荫山房紧贴相通的建筑就是善言邬公祠，是邬家的祖祠。

余荫山房与顺德的清晖园、东莞的可园、佛山的梁园一道，合称为清代广东四大名园，而余荫山房是四大名园中保存原貌最好的古典园林，是典型的岭南园林建筑。1989年6月广东省

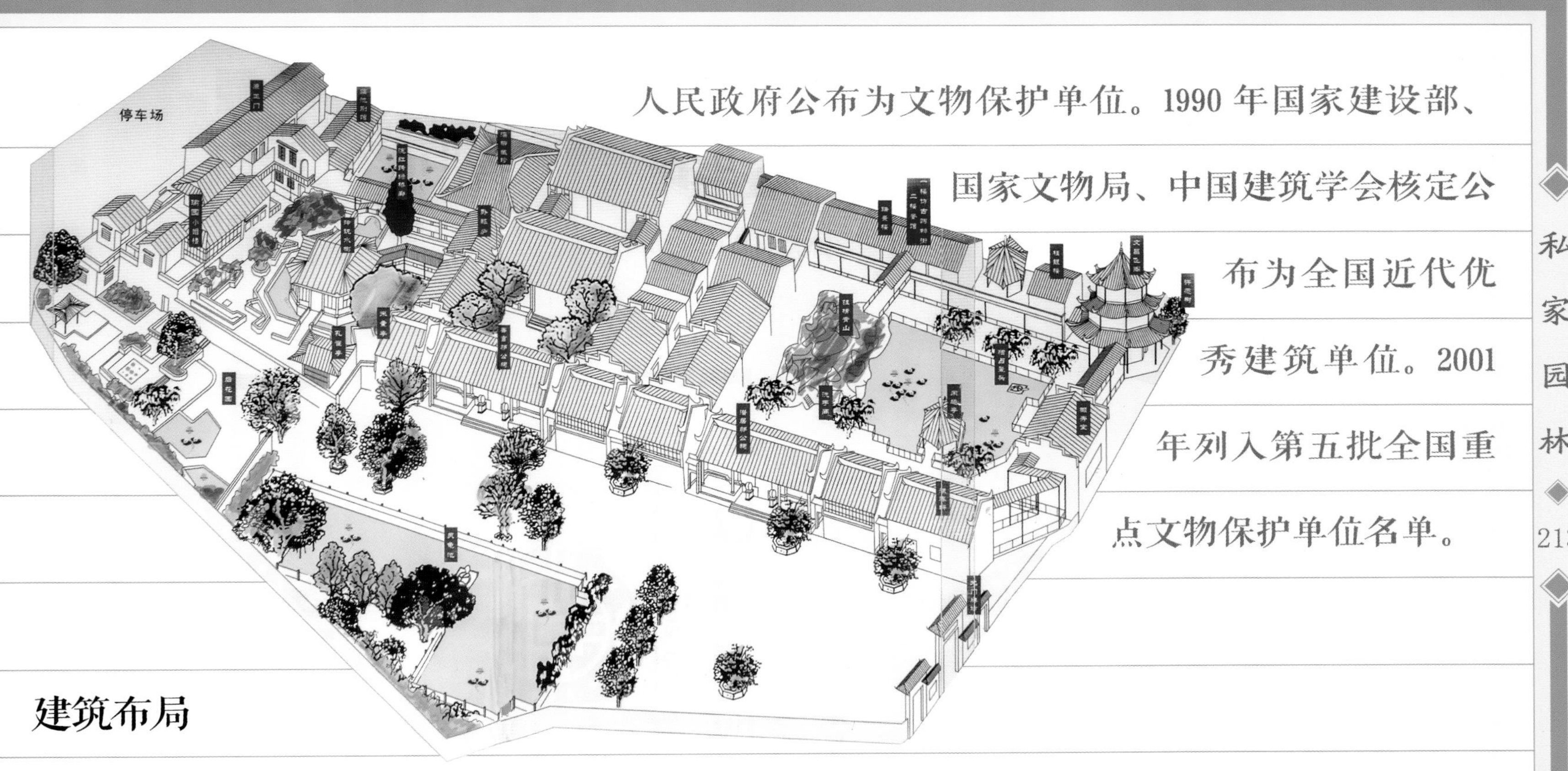

人民政府公布为文物保护单位。1990年国家建设部、国家文物局、中国建筑学会核定公布为全国近代优秀建筑单位。2001年列入第五批全国重点文物保护单位名单。

建筑布局

余荫山房占地面积1 598平方米，以小巧玲珑、布局精细的艺术特色著称，充分表现了古代汉族园林建筑的独特风格和高超的造园艺术。它布局十分巧妙。园中亭台楼阁、堂殿轩榭、桥廊堤栏、山山水水尽纳于方圆三百步之中，充分反映了天人合一的汉民族文化特色，表现一种人与自然的和谐统一的宇宙观。

藏而不露

山房坐北朝南，以廊桥为界，将园林分为东、西两个部分。余荫山房吸收了苏杭庭院建筑艺术风格，整座园林布局灵巧精致，以“藏而不露”和“缩龙成寸”的手法，布成咫尺山林，形成园中有园、景中有景、幽深广阔的绝妙佳境。其在有限的空间里分别建筑了深柳堂、榄核厅、临池别馆、玲珑水榭、来薰亭、孔雀亭和廊桥等，在面积并不大的山林里，形成了园林的主要设施和景致，使有限的空间注入了幽深广阔的无限佳景。余荫山房园地虽小，但亭桥楼榭，曲径回栏，荷池石山，名花异卉等，一应俱全。

西半部以长方形石砌荷池为中心，池南有造型简洁的临池别馆；池北为主厅深柳堂。堂前庭院两侧有两棵苍劲的炮仗花古藤，花儿怒放时宛若一片红雨，十分绚丽。深柳堂是园中主题建筑，是装饰艺术与文物精华所在，堂前两壁满洲窗古色古香，厅上两幅花鸟通花花罩栩栩如生，侧厢三十二幅桃木扇格画橱，碧纱橱的几扇紫檀屏风，皆为著名的木雕珍品，珍藏着当时名人诗画书法。

东半部的中央为一八角形水池，池中有八角亭一座，名“玲珑水榭”，原是赋诗把酒、吟风弄月之所。水榭东南沿园墙布置了假山；水榭东北点缀着挺秀的孔雀亭和半边亭（来薰亭）。周围还有许多株大树菠萝、腊梅花树、南洋水杉等珍贵古树。“来薰亭”半身倚墙而筑，“卧瓢庐”幽辟北隅，“杨柳楼台”沟通内外，近观南山第一峰，远接莲花古塔影。东西两半部的景物，通过名叫“浣红跨绿”的拱桥有机地结合在一起。

此外，余荫山房南面还紧邻着一座稍小的瑜园。瑜园是一住宅式庭院，建于1922年，是园主人的第四代孙邬仲瑜所造。底层有船厅，厅外有小型方池一个，第二层有玻璃厅，可俯视山房庭院景色。现已归属余荫山房，两园并在一起，起到了辅助的作用。

设计特色

园中之砖雕、木雕、灰雕、石雕等四大雕刻作品丰富多彩，其精湛的雕刻技艺和不朽的艺术价值，充分体现了古代汉族劳动人民的卓越才能和和艺术创造力，尽显名园古雅之风。通过名工巧匠的精雕细刻，使全园的文饰做到丰富而精致、素色而高雅，给人们一种恬静和雅淡的美感，如置身于“波暖尘香”之中。其最显著的特点有两个：一是“缩龙成寸”，园内的建筑布局精巧有致，藏而不露。在弹丸之地内把亭、台、楼、阁、堂、轩、桥梁、廊提、石山碧水、浮莲全都包含其中，

且回廊、花窗影壁相互借景，游入其中感觉园中有园，景外有景，

好一个曲径幽深。二是“书香文雅”，不离居室，满园的诗联、佳作文采缤纷浓郁，

真可谓岭南园林建筑艺术中的精品。

【史海拾贝】

说起余荫山房，不得不提起原园主人——清朝举人邬彬。邬彬，字燕天，父拜飏，世务农，是地道的番禺南村镇人。教子读书甚严。为纪念祖先余荫所造的私家花园。邬彬十九岁，县试第一，于咸丰五年中举，清同治六年举人，踏入仕途一年之后就被咸丰皇帝诰授为通奉大夫。在京任职4年后，签分刑部堂主事，为七品员外郎。邬彬倡议设册金局，筹款资助新进的文武生员。又倡议购置江鸥沙围田40多公顷，作为东山社和沙茭局的自治经费。邬彬乐善好施，为广州爱育善堂、香港东华医院捐赠巨款。卒年七十三岁。其长子和次子亦先后中举，故有“一门三举人，父子同登科”之说。后来他以母亲年迈为由，辞去官职归隐乡里建此园，借鉴广州“海山仙馆”的造园技法，耗时5年，花费白银3万两，精心修筑了一座私家园林。以其祖父馀荫名其园，并取“山房”以示谦逊。常与省内名士在园中雅集。“鸿爪为谁忙 忍抛故里园林 春花几度秋花几度；蜗居容我寄 愿集名流笠屐 旧雨同来今雨同来。”在深柳堂前，这幅由邬彬自撰的对联，正流露出其归隐田园、不分贵贱以文会友的心迹。

餘蔭山房
花木集奇珍環繞飛閣樓臺俯仰瞻依懷古趣
楹聯留妙墨承傳中華國粹後先輝映樹文風
广州市爱国主义教育基地

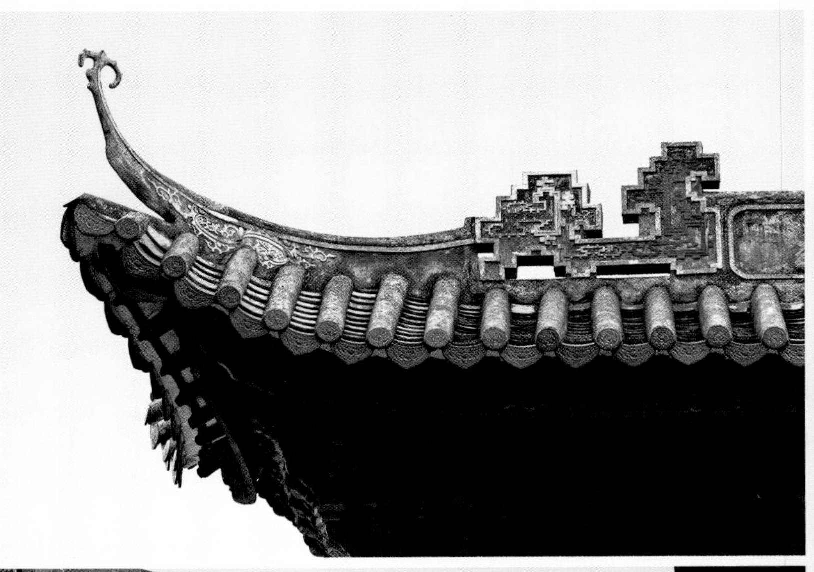

红雨

迴廊宜步月尋詩不覺鶴相隨
別館恰臨池洗硯有時鷗可狎

深柳堂

幽徑

【满洲窗】

卧瓢庐正南面有一排蓝白色玻璃相间的满洲窗，采用欧洲进口材质。透过单面蓝色玻璃向园区内看，可看到树叶枯黄，屋顶、假山、地面上似乎都覆上了一层白色的霜；而透过双层重叠的蓝色玻璃，园中绿叶恰似深秋季节的漫山红叶。透过没有镶嵌玻璃的窗户向外望。正是南方春夏两季无明显分别的景色。因此又被称作“四季窗”。

广东顺德清晖园

千顷鱼塘千顷蔗
万家桑土万家弦
缘何篁竹犹垂泪
为喜乾坤已转旋

清晖园

清晖园全园以尽显岭南庭院雅致古朴的风格而著称，园中有园，景外有景，步移景换，并且兼备岭南建筑与江南园林的特色。清晖园造型构筑各具形态，灵巧雅致，建筑物之雕镂绘饰，多以岭南佳木花鸟为题材，古今名人题写的楹联匾额比比皆是，大部分门窗玻璃为清代从欧洲进口经蚀刻加工的套色玻璃制品，古朴精美，品味无穷。

历史文化背景

清晖园是一处始建于明代的古代园林建筑。它位于广东省佛山市顺德区大良镇清晖路，地处市中心，故址原为明末状元黄士俊所建的黄氏花园，现存建筑主要建于清嘉庆年间。清晖园与佛山梁园、番禺余荫山房、东莞可园并称为广东四大名园，也是岭南园林的代表作之一，为省级文物保护单位。

园址原为明朝万历丁未状元黄士俊宅第，明万历三十五年（1607年），顺德杏坛镇人黄士俊高中状元，官至礼部尚书、大学士。为了光宗耀祖，黄士俊于明天启元年，在城南门外的凤山脚下修建了黄家祠和天章阁、灵阿之阁。后黄家衰落，庭院荒废。清乾隆年间，当地龙氏碧鉴海支系21世龙应时得中进士，将天章阁、灵阿之阁购进。

该院归龙家后，由龙应时传与其子龙廷槐和龙廷梓，后来廷槐、廷梓分家，庭院的中间部分归龙廷槐，而左右两侧为龙廷梓所得。其中龙廷梓将归他的左、右两部分庭院建成以居室为主的庭园，称为“龙太常花园”和“楚芗园”，人们俗称左、右花园，南侧的龙太常花园在园主衰落后，卖给了曾秋樵，其子曾栋在此经营蚕种生意，挂上“广大”的招牌，故又称广大园。

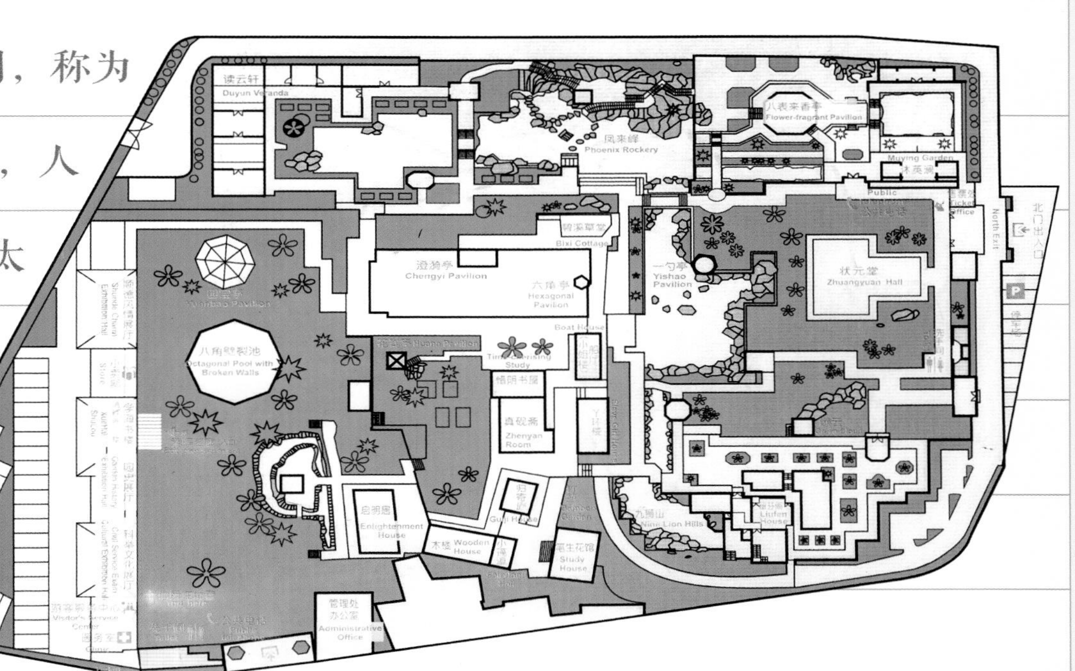

应时长子龙廷槐字澳堂，大良人氏，于清乾隆五十三年（1788年）考中进士，曾任翰林院编修，候补御史。嘉庆五年（1800年）辞官南归，筑园奉母。嘉庆十一年（1806年），其子龙元任请了江苏武进进士，书法家李兆洛书写了“清晖园”三字书余园的正门上方，以喻父母之恩如日光和煦照耀。其后，经廷槐之子龙元任，孙龙景灿，曾孙龙诸慧一门数代的继续精心营建，几经修改加工，至民国初年，全园格局始臻定型。抗日战争期间，龙氏家人避居海外，庭院日趋残破。

近几年来，顺德区委区政府对清晖园进行了大规模修缮，1959年，中共广东省委书记陶铸莅临视察，深为关注，批专款予以重点保护，同年县政府重修扩建清晖园，与左右的楚香园、广大园（均为龙应时后裔所建）合并，面积由3 000多平方米扩大到近万平方米。1996年起，顺德市委、市政府鉴于其历史、艺术和观赏价值，投入了大量的人力、物力、财力对清晖园进行再度兴工扩建，扩复旧制，以重现名园精髓，以接待海外广大游客，增加了凤来峰、读云轩、留芬阁、沐英涧、红蕖书屋等多处建筑景点，面积由70多平方米增至2.2万平方米。

2011年11月，88岁的龙启明带着龙氏后人向政府捐献清晖园的地契、房契，以及龙启明担任飞虎队队员时的珍贵照片、信件等近百件文物，具有很高的历史价值。

建筑布局

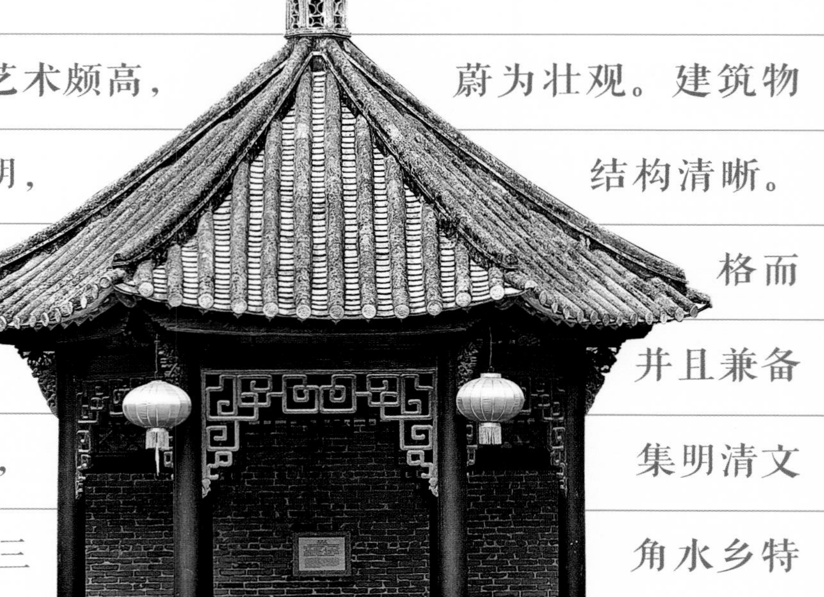

清晖园全园构筑精巧，布局紧凑。建筑艺术颇高，蔚为壮观。建筑物形式轻巧灵活，雅读朴素，庭园空间主次分明，结构清晰。整个园林以尽显岭南庭院雅致古朴的风格而著称，园中有园，景外有景，步移景换，并且兼备岭南建筑与江南园林的特色。现有的清晖园，集明清文化、岭南古园林建筑、江南园林艺术、珠江三角水乡特色于一体，是一个如诗如画，如梦幻似仙境的迷人胜地，散发出中国传统文化的精神、气质、神韵。

以小衬大

清晖园的造园特色首先在于园林的实用性，为适合南方炎热气候，形成前疏后密，前低后高的独特布局，但疏而不空，密而不塞，建筑造型轻巧灵活，开敞通透。其园林空间组合是通过各种小空间来衬托突出庭院中的水庭大空间，造园的重点围绕着水亭作文。

情景交融

清晖园内水木清华，幽深清空，景致清雅优美，龙家故宅与扩建新景融为一体，利用碧水、绿树、吉墙、漏窗、石山、小桥、曲廊等与亭台楼阁交互融合，造型构筑别具匠心，花卉果木葱笼满目，艺术精品俯拾即是，集古代建筑、园林、雕刻、诗画、灰雕等艺术于一体，突显出中国古典园林庭院建筑中“雄、奇、险、幽、秀、旷”的特点。

设计特色

清晖园造型构筑各具情态，灵巧雅致，建筑物之雕镂绘饰，多以岭南佳木花鸟为题材，古今名人题写之楹联匾额比比皆是，大部分门窗玻璃为清代从欧洲进口经蚀刻加工的套色玻璃制品，古朴精美，品味无穷。

在花木配置方面，园内花卉果木逾百种，除了岭南园林常用的果树，还栽种了苏杭园林特有的紫竹、枸骨、紫藤、五针松、金钱松、七瓜枫、羽毛枫等，并从山东等地刻意搜集了龙顺枣、龙爪槐等北京树种，品种丰富，多姿多彩，其中银杏、沙柳、紫藤、龙眼、水松等古木树龄已有百年有余，一年四季，葱茏满目，与古色古香之楼阁亭榭交相掩映，徜徉其间，步移景换，令人流连忘返。

【史海拾贝】

清晖园中的“三大宝”之一为百寿阁。据说，清乾隆年间，顺德有个十分聪明的工匠被清晖园园主特地请来雕刻百寿图。工匠一时疏忽，设计错误，每边只排了四十八个寿字。到验收时，园主怎么也数不出一百个寿字来，于是勃然大怒。工匠情急智生，趋前解释道：“之所以这样安排，内中是大有玄机的。‘九’就是‘久’，‘六’就是‘禄’，‘九十六’也就是福禄长久之意，大吉大利啊。”园主心有不甘：“你说的虽有理，但九十六个寿字构得成百寿图么？”工匠闻言，又心生一计：“九十六个寿字是明摆的，还有四个给藏起来了，藏寿是为了长寿。”园主不依不饶：“藏在哪？”工匠曰：“左右两边各四十八个寿字都暗藏着一个大寿字。”“还剩两个呢？“一个藏在你身上，另一个藏在我身上，全部合起来不正是一幅完完整整的百寿图么？” 听到这里，园主不由得笑逐颜开。聪明的工匠不但获得了双倍工钱，还让百寿图为清晖园增加了中国传统文化的含金量。

绿雲深處

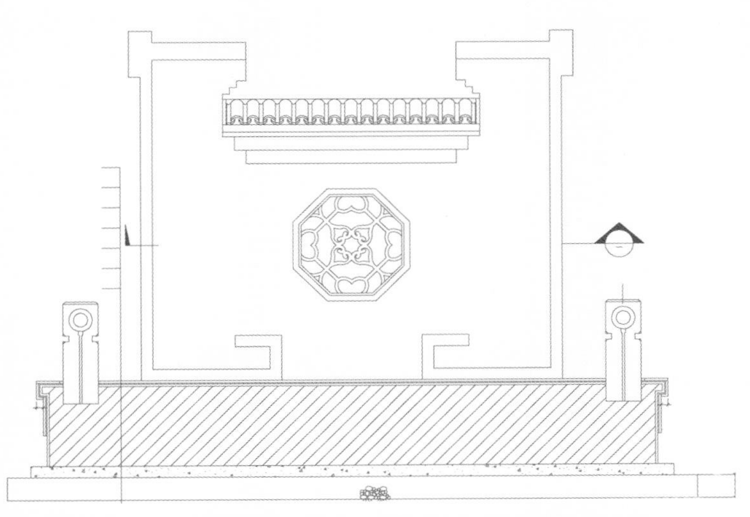

八表来香

狀元堂

狀元堂

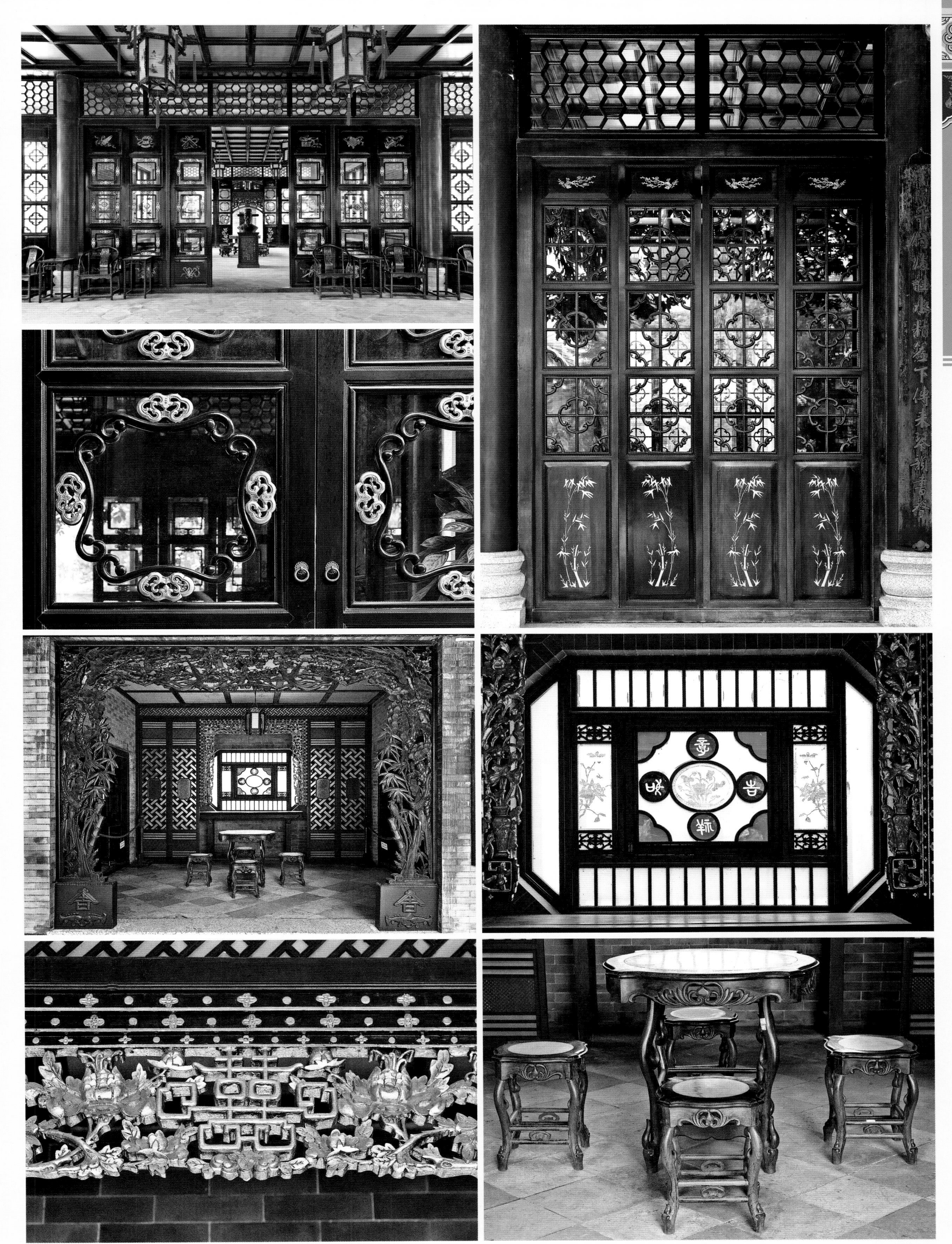

广东东莞可园

可赏可泛可登
随人而可
园花园湖园阁
集美成园

可园

可园被前人赞为“可羡人间福地，园夸天上仙宫”。它虽然占地面积不大，但园中建筑、山池、花木等景物却十分丰富。全园共有一楼、六阁、五亭、六台、五池、三桥、十九厅、十五房，通过130余道式样不同的大小门及游廊、走道连成一体，设计精巧，布局新奇。它基调是空处有景，疏处不虚，小中见大，密而不逼，静中有趣，幽而有芳。

历史文化背景

可园位于东莞莞城博厦，与顺德清晖园、番禺余荫山房、佛山梁园合称为广东近代四大名园。地处珠江三角洲东段的东莞因盛产莞草而得名，前人赞为“可羡人间福地，园夸天上仙宫”。可园始建于清朝道光三十年（1850年），为莞城人张敬修所建，此人以钱捐得官，官至广西按察，后被免职回乡，便修建可园，咸丰八年（1858年）全部建成。该园历经多次扩建和改建，现已建设为可园传统文化区。而古庭园现存格局是1961年修复后的情况。园主人张敬修文武兼备，琴棋书画，样样精通。居巢、居廉等岭南画派祖师曾客居可园多年；诗人张维屏、郑献甫、简士良、陈良玉、何仁山等都曾在此作客联吟；篆刻名家徐三庚亦曾在可园传师授徒。可园成为近代广东文化的策源地之一，而文人墨客的艺术风格对可园的筹划兴造产生了深切的影响。2001年被国务院公布为全国重点文物保护单位。

建筑布局

可园平面呈不规则的多边形，占地面积约 2 204 平方米，建筑面积 1 234 平方米。所有建筑均沿外围边线成群成组布置，“连房广厦”围成一个外封闭内开放的大庭园空间。根据功能和景观需要，建筑大致分三个组群。东南门厅建筑组群，为入口所在，是接待客人和人流出入的枢纽。以门厅为中心还建有擘红小榭、草草草堂、葡萄林堂、听秋居等建筑。西部楼阁组群，为款宴、眺望和消暑的场所，有双清室、桂花厅（可轩）、厨房和侍人室。北部厅堂组群，是游览、居住、读书、琴乐、绘画、吟诗的地方。临湖设游廊，题为博溪渔隐，另有可堂、问花小院、雏月池馆、绿绮楼、息窠、诗窝、钓鱼台、可亭等建筑。

由四周建筑所围成的中心大院被划分为西南、东北两个景区。西南景区主要景物有岭南果木、曲池、湛明桥。东北景区平面较方整，有假山涵月、兰花台、滋树台、花之径等景点。环绕庭院布置有半边廊，环碧廊，将三大建筑组群紧密地连结在一起。

虽然可园占地面积不大，但园中建筑、山池、花木等景物却十分丰富。造园时，运用了“巧在因借、咫尺山林”的手法，故能在有限的空间里再现大自然的景色。全园左回右折，互相沟通，通过 130 余道式样不同的大小门及游廊、走道连成一体，设计精巧，布局新奇。

园基不拘形状和方向，因地制宜，旨在于因景就筑和因筑得景。可园胜景兼有人为庭景和自然外景两种。庭景由密集建筑内向围合而成，景观以建筑为主，结合庭中假山、花木、小品，组成中心静态美景。而外围美景，则巧借邀山阁，尽收入目。全园最高建筑高约有15.6米的邀山阁，亦是当时整个县城最高的建筑。随着视点的升高，视野逐步扩大，身在园内，却能收入千里之美景于眼内。白天到此，远可眺大海、群山，近可察村舍篱落、桑麻庄稼，可谓如画美景尽收眼内；夜间，可以看到阁中灯光远照，如空中仙阁。

临水处广开窗户，广设游廊，建筑凌波而建，则妙借了可湖美景。可园内虽无大面积水体，但可园北区建筑临可湖而建，这组建筑既是内庭的边界，又把湖上四时美景借为己用，做到咫尺山林，视野宽畅，视线深远，意境清闲。

设计特色

可园虽是木石、青砖结构，但建筑十分讲究，窗雕、栏杆、美人靠，甚至地板亦各俱风格。它布局高低错落，处处相通，曲折回环，扑朔迷离。基调是空处有景，疏处不虚，小中见大，密而不逼，静中有趣，幽而有芳；加上摆设清新文雅，占水栽花，极富南方特色，是广东园林的珍品。

可园的第一大特点是：四通八达。把孙子兵法融汇在可园建筑之中，成为整座园林的一大特色。全园亭台楼阁，堂馆轩榭，桥廊堤栏，共有130多处门口，108条柱栋，整个布局有如三国孔明的八阵图，人在园中，稍不留神，就像进入八卦阵一般，极可能会迷失路径。

可园的第二大特点是：雅意文风。张敬修虽然身任武职，但对琴棋书画造诣颇深。所以整个庭园虽偏于武略，但局部都显得文风雅意极浓。

【史海拾贝】

传说张敬修建好园之前，心里取名为意园，即“满意、合心意”的意思。修筑竣工后，张敬修广邀文人逸士，大排筵席，庆贺一番，让人们品评、鉴赏。张敬修引这班骚人墨客游览全园后，在大门口征集人们的意见。不知是被酒熏醉了头脑，还是这个园确实太好了吧？客人们一时找不到合适的词语来赞美，又不好先表态，就都应答说：“可以！可以！”“可以”两字，虽是泛泛空言的应付、推托之词，但言者无意，听者有心。张敬修见大家一致应为“可以”，“以”与“意”近音，“可”在“意”（以）前，“可”就比“意”优先。便改名为“可园”。所以，可园的命名，是可以的园子的意思，是张敬修自谦的称呼。居巢是张敬修的幕宾，跟随张敬修多年，也客居可园多年。他在可园作画，每有自己以为得意的佳作，也多盖上“可以”一印，这印就是可园命名的实物凭证。“可”有可人心意、合人心意之解。古人“花能解语还多事，石不能言最可人”句中，可人就是合人心意的意思。

东莞历史人文传承基地

讲解员
广东省
文明单位

壶中天
壶中别有天
园小無窮景

私家园林

可堂

灭火器箱
火警119

广东佛山梁园

衡岳归来兴未阑
壶中蓄石当烟鬟
登高腰脚输人健
不看真山看假山

佛山梁园

梁园是清代岭南文人园林的典型代表之一，布局精妙，宅第、祠堂与园林浑然一体，岭南式“庭园”空间变化迭出，格调高雅；造园组景不拘一格，追求雅淡自然、如诗如画的田园风韵；富于地方特色的园林建筑，式式俱备、轻盈通透；园内果木成荫、繁花似锦，加上曲水回环、松堤柳岸，形成特有的岭南水乡韵味；尤以大小奇石之千姿百态、设置组合之巧妙脱俗而独树一帜。

历史文化背景

梁园位于广东省佛山市松风路先锋古道，是佛山梁氏宅园的总称。其始建于清嘉庆、道光年间，由当地诗书名家梁蔼如、梁九章及梁九图叔侄四人，在佛山营建的大型庭园，历时四十余年陆续建成。时至民初，一代名园已濒于湮没。梁园为广东四大名园之一，鉴于其历史、艺术和观赏价值，1982 年佛山市委、市政府首先对现存的群星草堂群体进行了抢救保护，1984 年重修后改称梁园。1990 年被定为省级重点文物保护单位。继而于 1994 年开始大规模的全面修复，总面积达 21 260 平方米，使名园重光成为现实。

梁园是研究岭南古代文人园林地方特色、构思布局、造园组景、文化内涵等问题不可多得的典型范例，展现了古代佛山文人对远离大都会凡嚣、享受林泉之乐的追求，也体现了“广府文化”中对花园式宅第和自然的空间环境的向往；其典型丰富的历史文化内涵，又是反映佛山名人荟萃、文风鼎盛的重要实物例证。

建筑布局

梁园是清代岭南文人园林的典型代表之一，其总体布局以住宅、祠堂、园林三者浑然一体；造园组景以大面积湖池及水网池沼中造园，最具珠江三角洲水乡园林特征，尤其是以奇峰异石作为重要造景手段，在岭南园林中独树一帜。其中的四组园林群体因各自构思取向不同而风格各异，各种“平庭”、“山庭”、“水庭”、“石庭”、“水石庭”等岭南特有的组景手段，式式具备，变化迭出。

梁园主要由“十二石斋”、“群星草堂”、“汾江草芦”、“寒香馆”等不同地点的多个群体组成，规模宏大。其中主体位于松风路先锋古道，其他则位于松风路西贤里及升平路松桂里。园中亭台楼阁、石山小径、小桥流水、奇花异草布局巧妙，尽显岭南建筑特色。梁园素以湖水萦回、奇石巧布著称岭南；园内建筑玲珑典雅，绿树成荫，点缀有形态各异的石质装饰；不仅如此，梁园还珍藏着历代书家法贴。

山石艺术

秀水、奇石、名贴堪称梁园“三宝”。相传梁园奇石达四百多块，有“积石比书多”的美誉。其中，群星草堂中最吸引人的莫过于“石庭”。它讲究一石成形、独石成景，在岭南私园中独树一帜。梁园的主人通过对独石、孤石的整理，突显个体特性，在壶中天地中表达了对人的个性和自由人格的追求。园内巧布太湖、灵璧、英德等地奇石，大者高逾丈，阔逾仞，小者不过百斤。在庭园之中或立或卧、或俯或仰，极具情趣，其中的名石有“苏武牧羊”、“童子拜观音”、“美人照镜”、“宫舞”、“追月”、“倚云”等。景石大都修台饰栏，间以竹木、绕以池沼。

梁园的山都不是“叠”出来的，而是与整个造园质朴的风格是相统一的，不求恢宏的气势而求石的神态韵味，以小代大，表现山川之奇。梁九图在诗中描述到，“衡岳归来意未阑，壶中蓄石当烟鬟。”这种以石代山取代“叠山”的方法，摒弃了石块的积压堆砌，省却了石头纹理及形状的比照磨合，可以更灵活自由地表达不同思想情感。

设计特色

曹第、佛堂、梁氏宅等和刺史家庙等建筑物全为砖木结构，饰以木雕、砖雕，高雅精致。造园者巧妙地将住宅、祠堂、园林和谐地连结在一起。群星草堂为梁九华所建，位于松风路先锋古道，占地数千平方米。建筑群体由草堂、客堂、秋爽轩、船厅和回廊组成。建筑精巧别致，引人入胜。虽体量不大，但却小巧精致。“半边亭”结构奇特，首层六角半边，二层四方完整，屋顶平缓，飞檐斗拱，可称是“求拙”之作。“船厅”三面为大型满洲窗，四周景物尽收眼底，真是斗室容环宇。更为突出的是“荷香小榭”，精美纤巧、四周通透、里外交汇，把天、地、人完全融为一体。

这些建筑物以石庭、山庭、水庭为基调，建筑宽敞通透，四周回廊穿引，采用移步换景之法引人入胜。如荷香小榭位于湖岸边，站立于小榭屋檐下，面对铺满荷叶和荷花的湖水，一片碧绿中的点点粉红，令人心醉。小榭高四米余，木结构，门楣及窗都饰以木雕，门窗镂空，图案则是荷叶、荷花，既优雅，又与湖中的荷叶、荷香真假互相呼应，令人对设计者的用心良苦赞叹不已。

汾江草庐群体的水石运用可说是别出心裁：既有一般的叠石置景，又有独石成景；既有潺潺流水，又有一泓湖水，碧水中，成群的金鱼、锦鲤时浮时沉，湖面涟漪连绵，这静中有动的景观，令人赞叹。岸边有一座造型优美的石舫。遥望湖面，则见一块形态奇特高约三米的石块屹立于湖中，此石名叫“湖心石”。

群星草堂群体和汾江草庐群体都用松、竹、柳和盆景于以点缀。园中除有十余株古树外，还种有富岭南风韵的玉棠春、鹰爪兰（即鹰爪花）、鸡蛋花等。正是：“两处园林都入画，满庭兰玉尽能诗”。松竹寮景观的建筑物以竹、木为基调，显示出缚紫为扉，列柳成行，一水画堤的意境，展示珠江三角洲特有的田园风韵，体现造园者追求远离烦嚣、贴近自然的独特构思。

【史海拾贝】

梁九图（1816~1882年），字芳明，号福草，原籍顺德麦村，寓居佛山。他是佛山梁园创始人之一，因建“十二石斋”自号“十二石山人”；又建有大型园林“汾江草庐”，被时人称为“汾江先生”。梁九图以培育晚辈为己任，经他调教的后生，大都成才。长子僧宝是同治、光绪年间的名臣，以忠直、敢言著称；次子禹甸投笔从戎，成为水师勇将，被兵部尚书彭玉麟嘉许为“南海长城”；孙子尔煦（铁君）乡试考取解元，与康有为有刎颈之交，鼎力支持戊戌变法，后奉命行刺慈禧太后，因事泄被捕而牺牲，是轰动中外的“近世烈侠”。其他子孙，也都为梁氏家族增添光彩。

佛山市禅城區博物館
佛山市
爱国主义教育基地

▲ 景墙月洞方亭正立面 1:50

▲ 景墙月洞方亭背立面 1:50

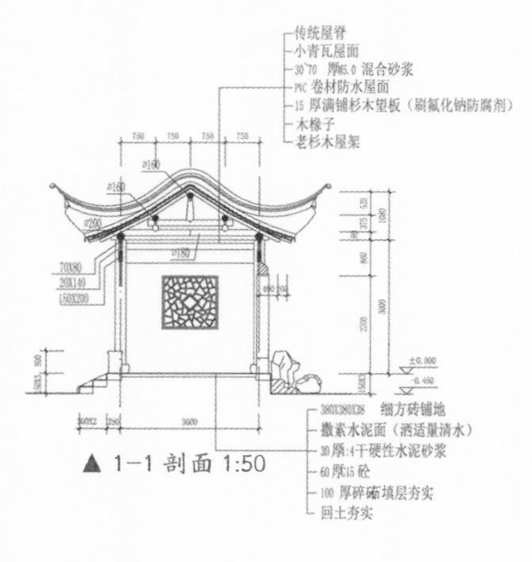

▲ 1-1 剖面 1:50

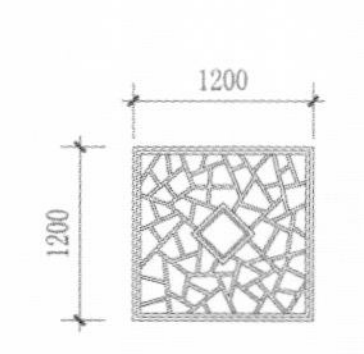

▲ 左侧漏窗 1:25

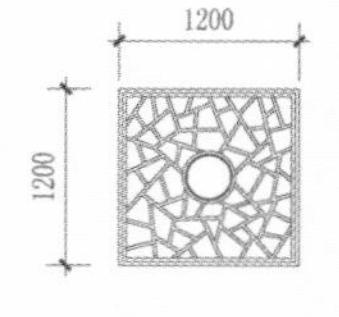

▲ 右侧漏窗 1:25

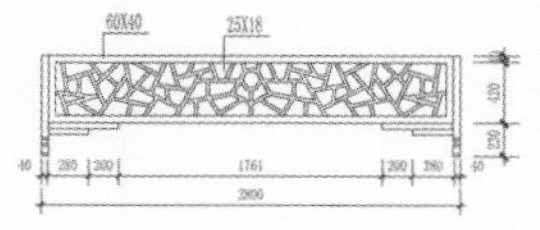

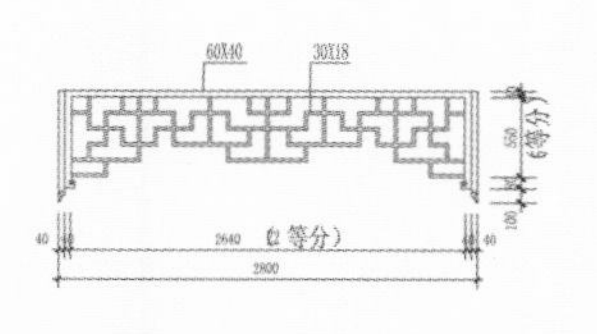

▲ 挂落大样 1:25

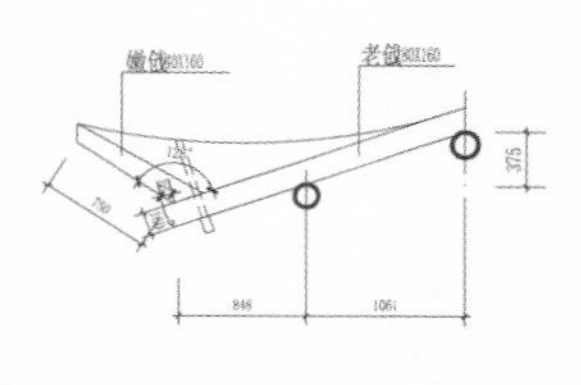

▲ 戗角大样 1:25

韻橋

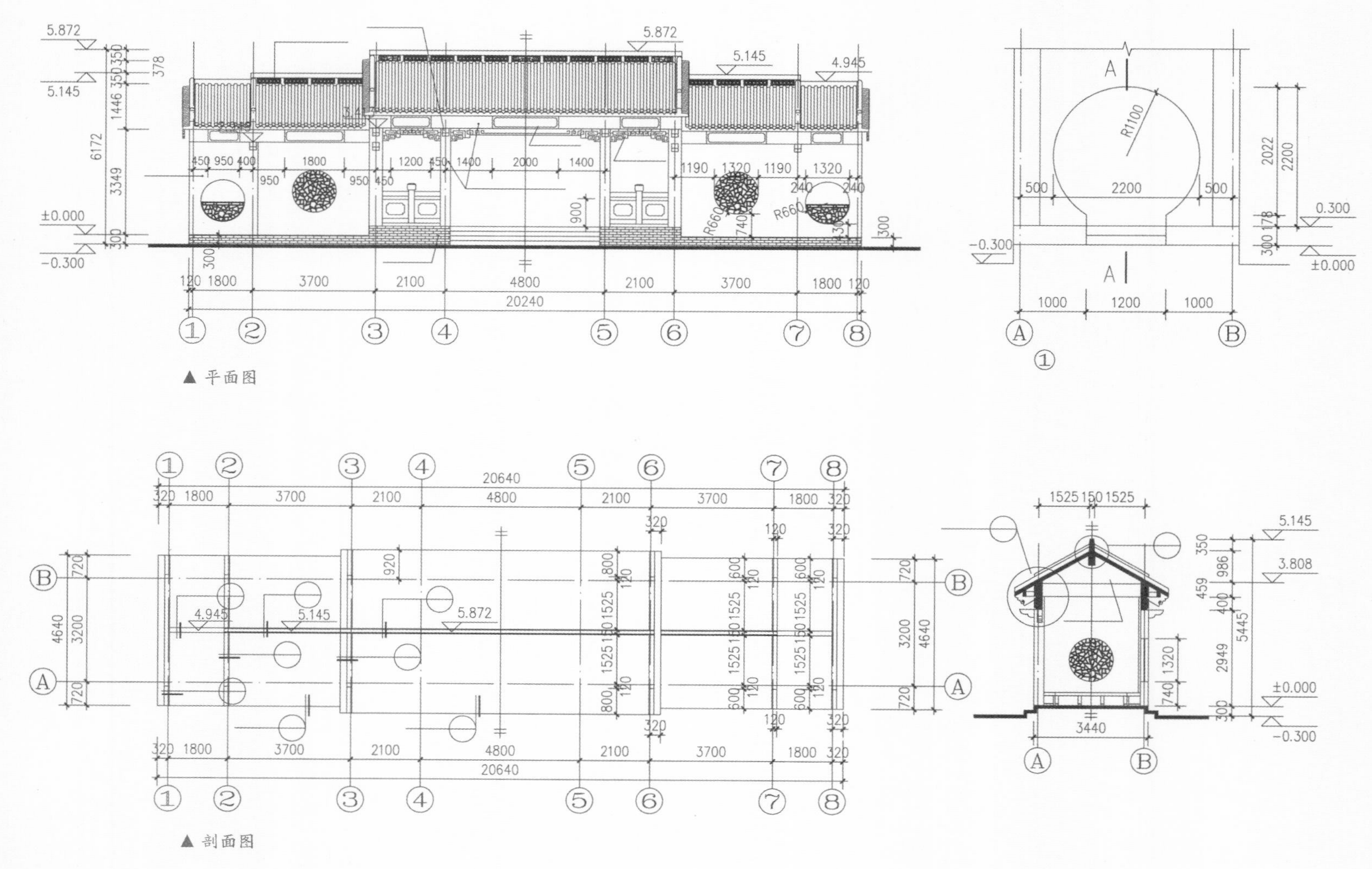

▲ 平面图

▲ 剖面图

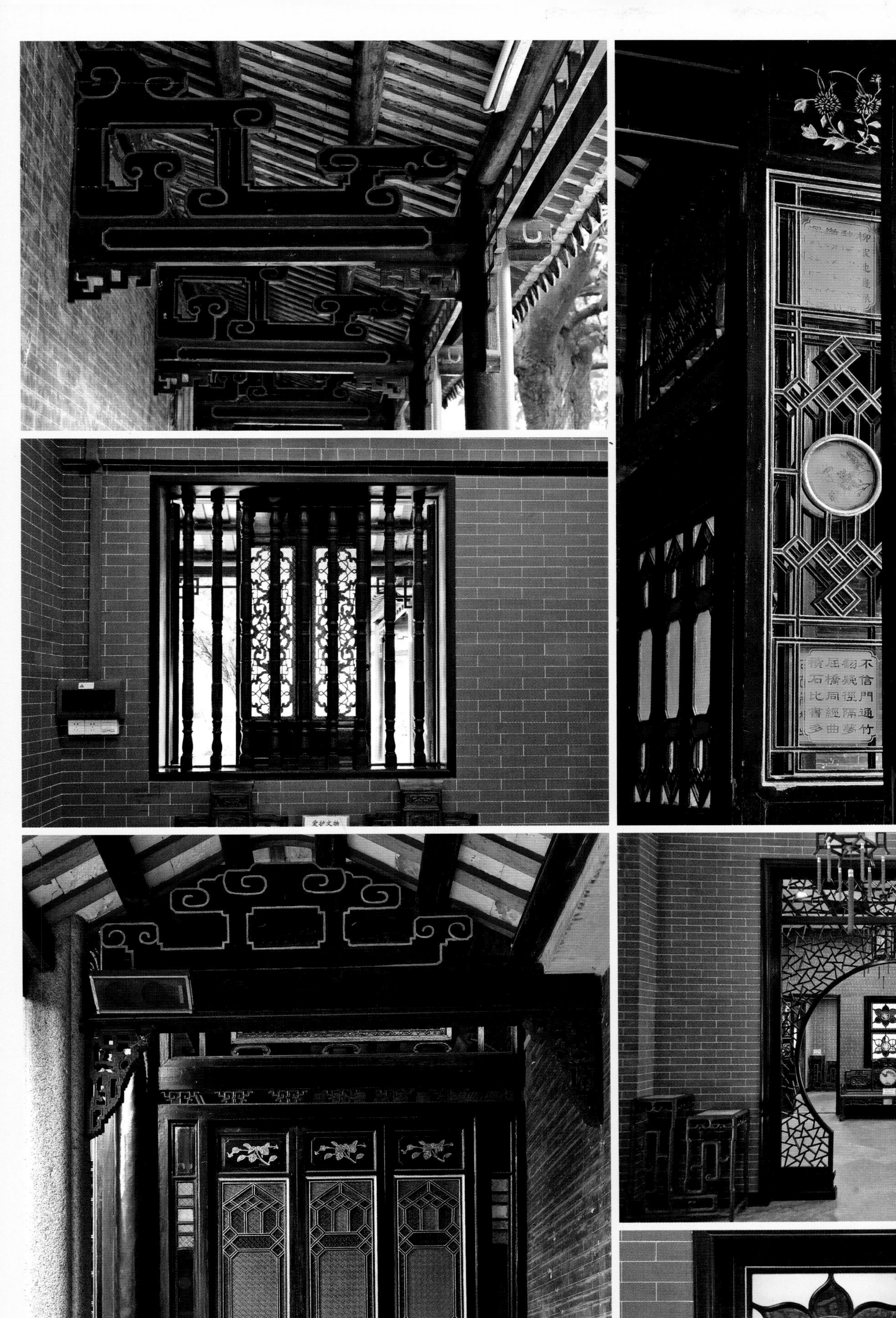

风景名胜

风景名胜是中国园林里的一种特殊类型。它一般位于城郊的山水形胜、风光秀丽之地，面积较为广阔，多有桥、寺庙或名胜古迹，适当装点园林景致，成为市井百姓可达的具有公共性自然游憩地。在古代，风景名胜地是城镇居民亲近自然、愉悦身心的主要游憩活动空间。自古流传的一些传统民俗，如“三月三踏青”、“九月九登高”、“端午龙舟竞渡”、“中秋赏月夜游”等活动，大多都是在当时的城郊风景名胜地进行的。发展至今，有许多原先位于城郊的风景名胜已演变为城市公园。

风景名胜以天然风景为主，更是自然美与人文美的结晶，风景园林因蕴含文化而博大传神。其规模较大，历史悠久，往往与重要的历史文物或文化遗产关系密切，相映生辉。如历史上著名的曲江池和芙蓉园，便是隋唐长安附近的风景名胜区，当年贵族、平民都可前去游览。所以，风景名胜区流传着历代政治家、诗人、画家的游踪故事和传说，还保存着他们题写的碑刻、楹联等，这些人文景观使风景名胜更具魅力。

风景名胜区中也有少量的建筑，这是为了便于人们游览而设，但保持了自然风光鲜明绮丽的特点。比如本章中主要介绍的桥。风景名胜里的桥，讲究造型与形式美，讲究游玩时的作用。桥，按材料分有石桥、木桥、竹桥等多种；按形式分有平板桥、圆拱桥，还有单孔桥和多孔桥，当然还有廊桥、亭桥等等。廊桥亦称虹桥、蜈蚣桥等，为有顶的桥，可保护桥梁，同时亦可遮阳避雨、供人休憩、交流、聚会等作用。其形式主要有木拱廊桥、石拱廊桥、木平廊桥、风雨桥、亭桥等。

其中，风雨桥博取民间建筑之精华，集亭、台、楼、阁于一身，造型优美。整座廊桥从结构上看大致可分为三大部分：桥下部分是 3 排 12 个木柱形、青石垒砌而成的桥墩；中间部分为木质桥面，采用 80 根粗大、笔直的木柱进行悬、托、架等建筑支梁体系搭建而成，四周设有宽大、结实的木凳，可供游客休息、观看野鸭竞飞表演；桥的顶部采用榫铆连结，将亭、廊结为一体，分叉四个翘角，再用 10 层飞檐层层覆盖。无论是从远处还是近处观望，风雨桥线条流畅、层次分明，造型典雅、古朴、飘逸，犹如一把敞开的巨伞，是难得的建筑艺术佳品。它可以抵御一定的洪水，比较坚固，而且由于其结构的特殊有越踩越结实的特性。

在本分类中，风景名胜以江南区域最著名的杭州西湖和“廊桥之乡”泰顺桥为主，西南区域以贵州各地的风雨桥为主。

浙江杭州西湖

岸上湖中各自奇
山觞水酌两相宜
只言游舫浑如画
身在画中原不知

西湖 杭州

“天下西湖三十六，就中最好是杭州”。西湖以湖为主体，由大量乔灌木组成疏落有致、大小不同的空间；以植物造景为主，季相变化丰富，辅以亭、台、楼、阁、廊、榭、桥、汀。园林布局借真山真水、历史文化、神话传说，把山外有山、湖中有湖、景外有景、园中有园的风光点缀得淋漓致，并形成了“一山、二塔、三岛、三堤、五湖”的基本格局。

历史文化背景

西湖，位于浙江省杭州市西面，是中国大陆首批国家重点风景名胜区和中国十大风景名胜之一。它是中国大陆主要的观赏性淡水湖泊之一，也是现今《世界遗产名录》中少数几个和中国唯一一个湖泊类文化遗产。

名称由来

西湖旧称武林水、钱塘湖、西子湖，宋代始称西湖。但只有两个名称为历代普遍公认，并见诸于文献记载：一是因杭州古名钱塘，湖称钱塘湖；一是因湖在杭城之西，故名西湖。最早出现的“西湖”名称，是在白居易的《西湖晚归回望孤山寺赠诸客》和《杭州回舫》这两首诗中。北宋以后，名家诗文大都以西湖为名，钱塘湖之名逐渐鲜为人知。而苏轼的《乞开杭州西湖状》，则是官方文件中第一次使用“西湖”这个名称。

秦汉到唐

大约为秦汉时期，西湖还是钱塘江的一部分，由于泥沙淤积，在西湖南北两山——吴山和宝石山山麓逐渐形成沙嘴，此后两沙嘴逐渐靠拢，最终毗连在一起成为沙洲，在沙洲西侧形成了一个内湖，即为西湖。建中二年九月（781 年），李泌调任杭州刺史。为了解决饮用淡水的问题，他创造性地采用引水入城的方法。长庆二年十月（822 年），白居易任杭州刺史。在任期间，白氏兴修水利，拓建石涵，疏浚西湖，修筑堤坝水闸，增加湖水容量，解决了钱塘（杭州）至盐官（海宁）间农田的灌溉问题。

五代两宋

历史上对西湖影响最大的，是杭州发展史上极其显赫的吴越国和南宋时期。西湖的全面开发和基本定型正是在此两朝。进入五代十国时期，吴越国（907 ~ 960 年）以杭州为都城，促进与沿海各地的交通，与日本、朝鲜等国通商贸易。同时，由于吴越国历代国王崇信佛教，在西湖周围兴建大量寺庙、宝塔、经幢和石窟，扩建灵隐寺，创建昭庆寺、净慈寺、理安寺、六通寺和韬光庵等，建造保俶塔、六和塔、雷峰塔和白塔，一时有佛国之称。

从五代至北宋后期，西湖长年不治，葑草湮塞占据了湖面的一半。元祐五年(1090 年)四月，苏轼动员 20 万民工疏浚西湖，并用挖出来的葑草和淤泥，堆筑起自南至北横贯湖面 2.8 千米的长堤，在堤上建六座石拱桥，自此西湖水面分东西两部，而南北两山始以沟通。后人为纪念他，将这条长堤称为“苏堤”。

元明清时期

元朝后期，继南宋“西湖十景”，又有“钱塘十景”，游览范围比宋朝有所扩大。但到了元朝后期，西湖疏于治理，富豪贵族沿湖围田，使西湖日渐荒芜，湖面大部分被淤为茭田荷荡。弘治十六年，知州杨孟瑛冲破来自豪富们的巨大阻力，在巡按御史车梁支持下，奏请疏浚西湖，由工部拨款。疏浚工程使苏堤以西至洪春桥、茅家埠一带尽为水面，疏浚挖出的葑泥，除加宽苏堤外，在里湖西部堆筑长堤，后人称杨公堤。万历三十五年（1607 年），钱塘县令聂心汤在湖中的小瀛州放生池外自南而西堆筑环形长堤，形成的独特景观。三十九年，杨万里继筑外埂，至四十八年而规制尽善。池外造小石塔三座，谓之三潭。

清朝，因康熙、乾隆两皇帝多次南巡到杭州，促进西湖的整治和建设。康熙五次到杭州游览，并为南宋时形成的“西湖十景”题字，地方官为题字建亭立碑，使“双峰插云”、“平湖秋月”等未定点的景目，有了固定的观赏位置。雍正年间，还推出“西湖十八景”，使杭州的游览范围进一步拓展。乾隆六次到杭州游览，又为“西湖十景”题诗勒石；又题书“龙井八景”，使偏僻山区的龙井风景为游人注目。

明清两代，西湖又经历了几次疏浚，挖出的湖泥堆起了湖中的湖心亭、小瀛洲两个岛屿。雍正五年（1727 年），浙江巡抚李卫用银四万二千七百四十二两，开浚西湖湖道。嘉庆五年（1800 年），浙江巡抚颜检奏浚西湖兴修水利，后由浙江巡抚阮元主持，用疏浚挖出的泥土堆筑土墩（即阮公墩）。至此，现代西湖的轮廓已经形成。

近现代时期

近现代时期，国家多次拨专款疏浚西湖，提高水体质量。1982 年被评选为首批国家重点风景名胜区，并在 1985 年入选中国十大风景名胜。2002 年 10 月 25 日，在 78 年前倒塌的雷峰塔旧址上，71.7 米高的新雷峰塔建成竣工。从此，雷峰塔与保俶塔“南北相对峙，一湖映双塔”的美景重现西湖，缺失了近 80 年的西湖十景自此成为完整的全景。2007 年，杭州市政府进行“三评西湖十景”和名称征集，灵隐寺等一批景点入围，成为三评西湖十景。确定为灵隐禅踪、六和听涛、岳墓栖霞、湖滨晴雨、钱祠表忠、万松书缘、杨堤景行、三台云水、梅坞春早、北街梦寻。2011 年 6 月 24 日在法国巴黎举办的第 35 届世界遗产大会上，

“杭州西湖文化景观”正式列入世界文化遗产名录。

建筑布局

西湖三面环山，面积约 6.39 平方千米，东西宽约 2.8 千米，南北长约 3.2 千米，绕湖一周近 15 千米。湖中被孤山、白堤、苏堤、杨公堤分隔，按面积大小分别为外西湖、西里湖、北里湖、小南湖及岳湖等五片水面，苏堤、白堤越过湖面，小瀛洲、湖心亭、阮公墩三个小岛鼎立于外西湖湖心，夕照山的雷峰塔与宝石山的保俶塔隔湖相映，由此形成了“一山、二塔、三岛、三堤、五湖”的基本格局。西湖中所采用的一些造园手法主要有：因地制宜；框景；借景；对景及传说典故等。

因地制宜

西湖中的造园手法最大的特点是因地制宜。西湖有两大特色“断桥”不断，“孤岛”不孤。“断桥”不断是指有苏堤和白堤把她们相连起来。“孤岛”不孤是指西湖中这样的岛屿不只一个。比如“孤岛”是当年在建造西湖中的淤泥堆积而成的，由于土壤极为肥沃，很适宜植物的生长，于是人们就在岛上种植各种花草树木，致使今天我们看到岛上一片生机盎然的样子。

借景、框景、对景

借景在西湖中应时因借这点很突出，主要表现在于四季之景。春赏桃红柳绿，沿湖边杨柳婀娜多姿，紧挨着的是桃树相衬；夏赏荷塘月色；秋赏红叶，累累果实及中秋赏月；冬赏雪景，冬里满湖一片洁白，只有树叉和隐约可见的苏堤、白堤等。

框景为设计者用景门、窗、洞、或者乔木树枝抱合成的景框，把远处的山水美景或人文景观包含其中，进而把一部分园林景点诗情画意化，最有代表性的是“曲径通幽”之景。站在曲径通幽门前往里望，可以看到近处的“竹林”，远处的湖光山色。

对景为了创造不同的景观，以满足游人对各种景物的欣赏，对园林空间进行组织时多采用的一种造园方法。如西湖中的白塔、六合塔等。它们和湖水、白堤、苏堤、三潭映月等低矮的景色做为对比，突出它们的雄伟壮观。

设计特色

西湖以湖为主体，由大量乔灌木组成疏落有致、大小不同的空间；以植物造景为主，季相变化丰富，辅以亭、台、楼、阁、廊、榭、桥、汀。园林布局借真山真水、历史文化、神话传说，把山外有山、湖中有湖、景外有景、园中有园的风光点缀得淋漓尽致。

【史海拾贝】

关于西湖的来历，有着许多优美的神话传说和民间故事。相传在很久很久以前，天上的玉龙和金凤在银河边的仙岛上找到了一块白玉，他们一起打磨了许多年，将白玉变成了一颗璀璨的明珠，这颗宝珠的珠光照到哪里，哪里的树木就常青，百花就盛开。但是后来这颗宝珠被王母娘娘发现了，她非常喜欢这颗明珠。于是，王母娘娘就派天兵天将把宝珠抢走了。玉龙和金凤赶去天宫索珠，王母不肯给，于是就发生了争抢。突然，王母的手一松，明珠不小心降落到人间，变成了波光粼粼的西湖。玉龙和金凤舍不得离开它，也随之下凡，变成了玉龙山（即玉皇山）和凤凰山，永远守护着西湖。

夕影亭
金刹重新輝夕照

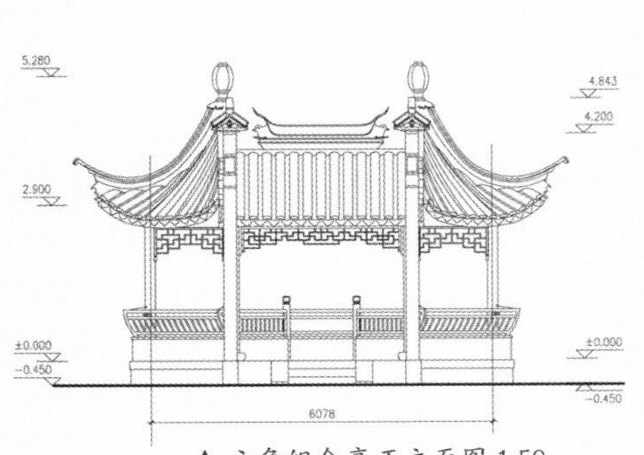

▲ 六角组合亭正立面图 1:50

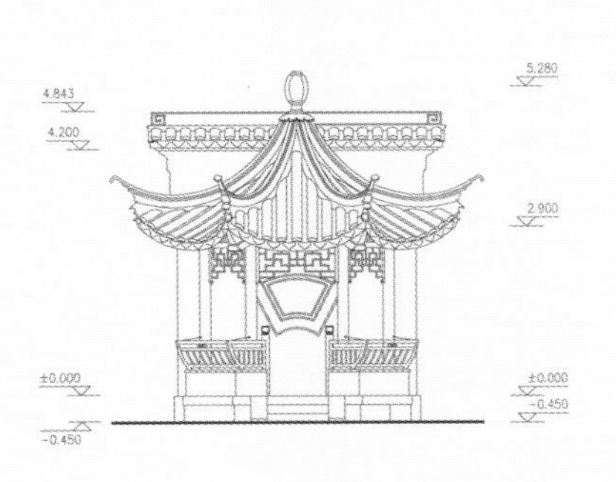

▲ 六角组合亭侧立面图 1:50

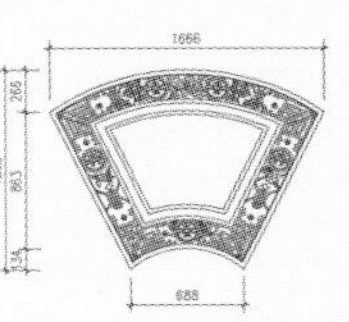

▲ 砖细花窗大样 1:25

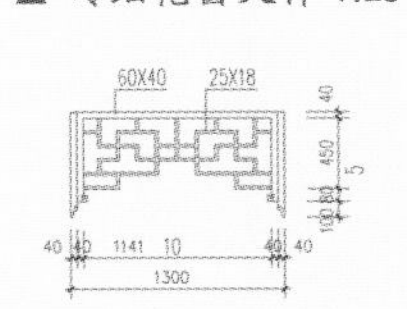

▲ 挂落大样 1:25

▲ 宝顶大样 1:25

▲ 屋架、屋面平面 1:50

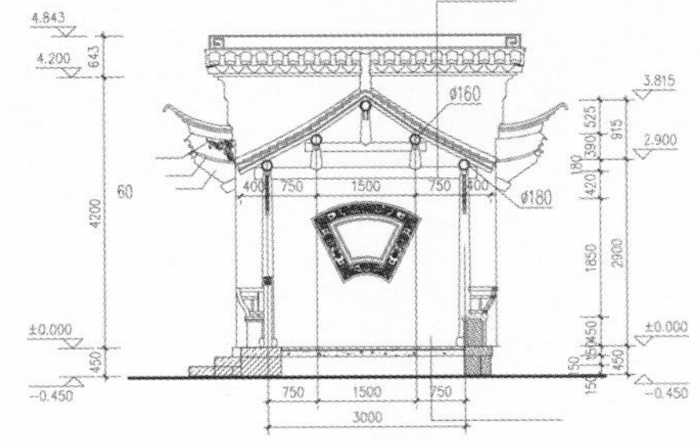

▲ 2-2 剖面图 1:50

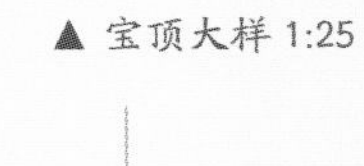

▲ 吴王靠大样 1:25

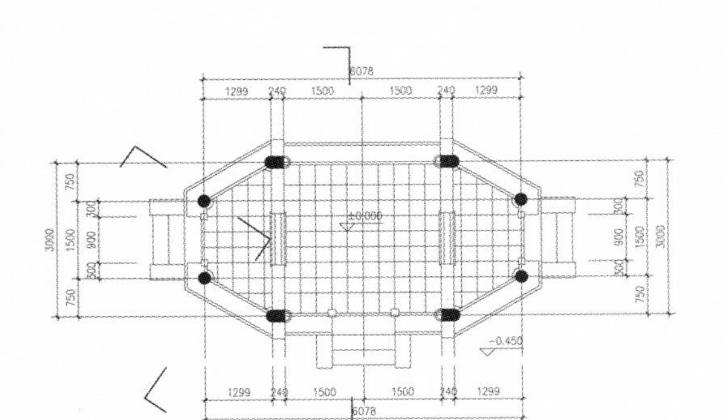

▲ 六角组合亭平面图 1:50

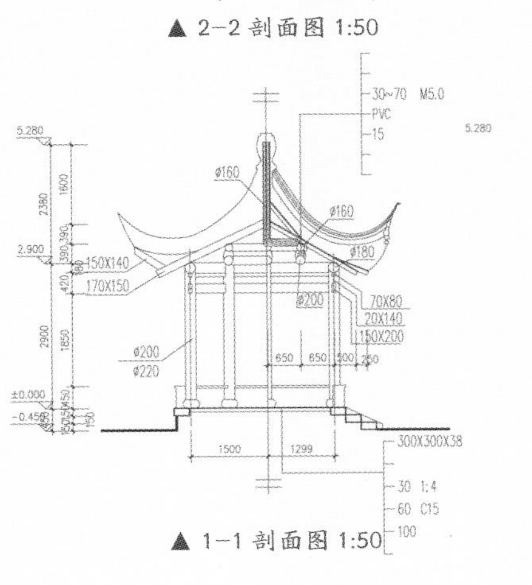

▲ 1-1 剖面图 1:50

▲ 戗角大样 1:25

▲ 坐槛大样 1:25

卍字亭

清光绪年间（1875-1908）始建，2005 年仿原样式重修。亭外观为"卍"字形，寓意"万方安和"，即四海承平、天下太平之意。这种建筑平面是中国建筑中仅见的一个特例。

两宜轩

Liangyi Pavilion

轩名取自苏东坡《饮湖上初晴后雨》诗"水光潋滟晴方好，山色空濛雨亦奇。欲把西湖比西子，淡妆浓抹总相宜"句意，为跨水木结构廊轩建筑，既分隔庄内"静必居"与"一镜天开"两大园区，又与香雪分春堂互成对景。轩东西两侧为长廊状，与池岸假山相倚相接。建筑主体居中，平面呈方形，宽4.4米，进深3.9米，屋顶檐角翚飞，南、北各有明窗三面，下临荷池，宛如圆形半亭。前檐下"苏池"匾额为当代造园大师陈从周题书。轩内悬楹联"袅袅垂烟皱细雨；茸茸浅草蘸寒烟"，马世晓书。门、窗木构件上精雕梅兰竹菊等装饰图案，秀逸典雅。

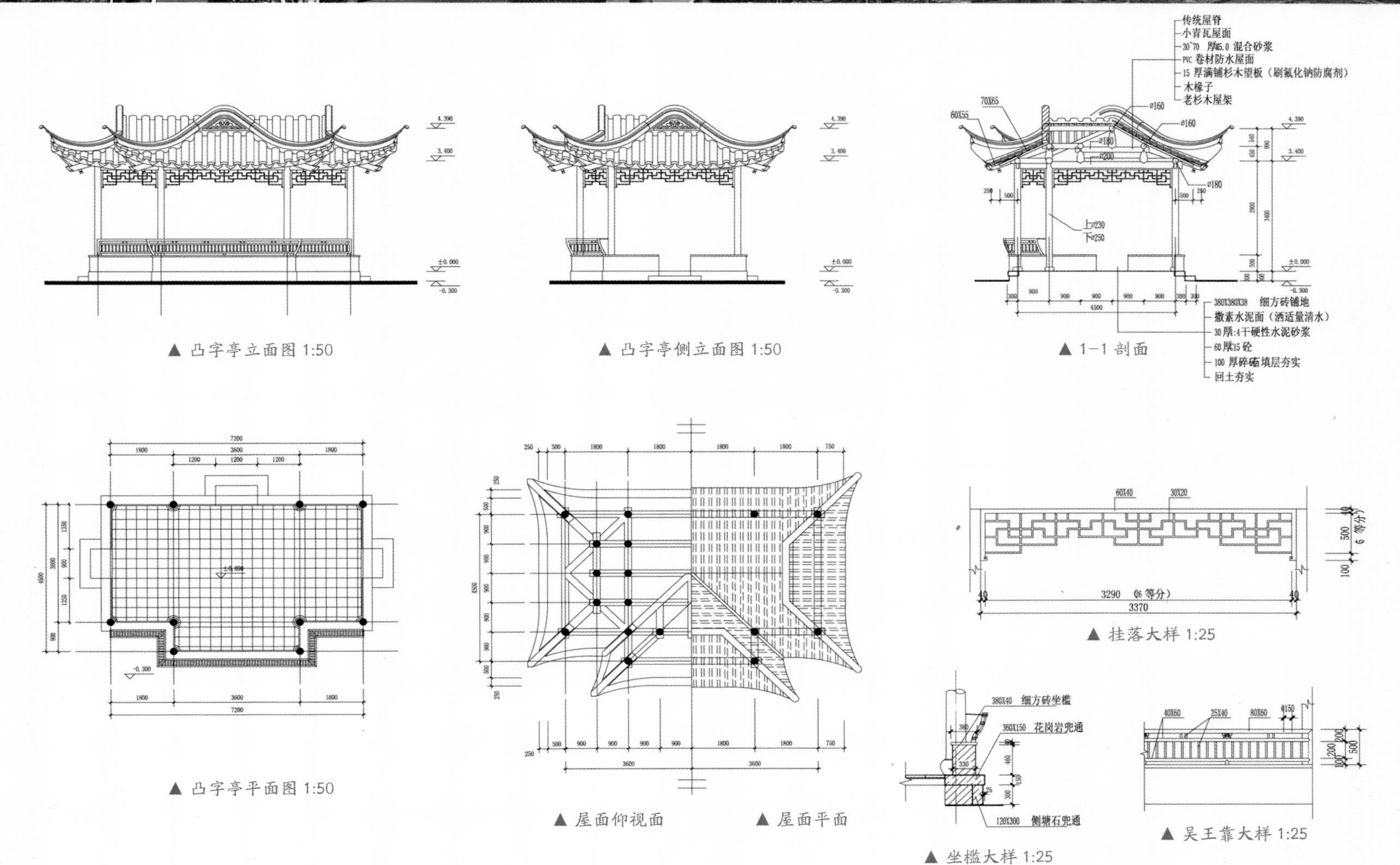

▲ 凸字亭立面图 1:50

▲ 凸字亭侧立面图 1:50

▲ 1-1 剖面

▲ 凸字亭平面图 1:50

▲ 屋面仰视面

▲ 屋面平面

▲ 挂落大样 1:25

▲ 坐槛大样 1:25

▲ 吴王靠大样 1:25

蘇池

卷舒自如

浙江温州泰顺

北涧桥

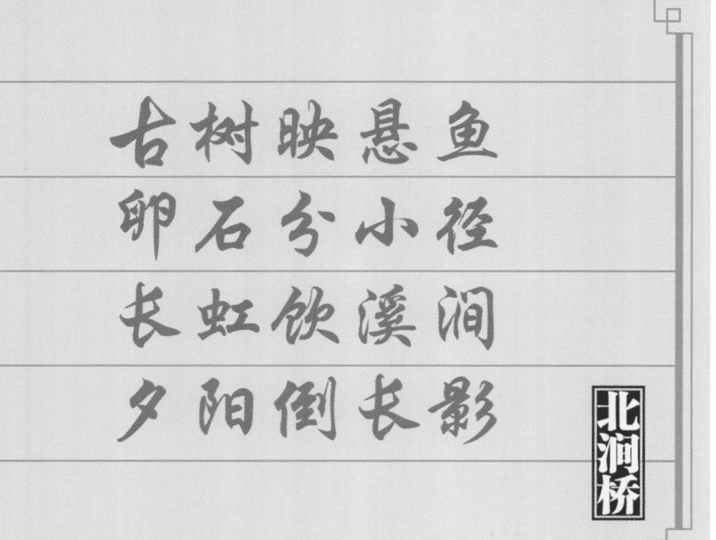

古树映悬鱼
卵石分小径
长虹饮溪涧
夕阳倒长影
北涧桥

北涧桥为叠梁式木拱廊桥，北涧桥横跨在北溪之上，与周围的环境相得益彰，融为一体，使其获得了“世界上最美的廊桥”的美誉。整体结构合理，气势如虹，桥屋灰瓦红身，飞檐走兽，桥旁古树掩映，桥下二水交汇。而其采用的建桥工艺，桥基部分不用一钉一铆，仅依靠木头互相牵扯的结构力量来保持平衡与稳定，这一点向来为桥梁专家、力学专家所称道。

历史文化背景

北涧桥位于泗溪镇下桥村，为“姐妹桥”之一，被誉为“世界上最美的廊桥”。因桥跨北而上，故名曰“北涧桥”。它始建于清康熙十三年（1674 年），嘉庆八年（1803 年）重建，道光二十九年（1849 年）再次重修。国家文物管理局的桥梁专家杨道明教授亲临考察指导，他感叹道：“四百多年前，我国劳动人民就知道运用力学原理建造这种叠梁式木拱桥，这是我国劳动人民的智慧结晶，是中国桥梁史中的‘双碧’”。所以他亲手题了“古建文物，民族精粹”八个大字，制成双匾，高悬桥之两首。

建筑布局

桥长 51.87 米，宽 5.39 米，净跨 29 米，桥屋 20 间，桥柱 84 根，桥面地板全由一寸厚木板两层加固。桥的东首当地人称“桥头”，地势较高，有石阶 16 级；西首称“桥尾”，地势较低，石阶 26 步。

横跨北溪之上的北涧桥为叠梁式木拱廊桥，整体结构合理，气势如虹，桥屋灰瓦红身，飞檐走兽，桥旁古树掩映，桥下二水交汇。青山、碧水、虹桥、古树，相互辉映，构成一幅迷人的风景画。穿过长长的卵石路，来到北涧桥边。矗立在桥头的两棵参天古树掩映着廊桥和民宅，廊桥屋檐上的脊兽和民宅山花上的悬鱼在枝叶的摇曳中，若隐若现。一条小径从卵石路旁分道而下，借小石板桥延伸到溪的对岸去。

设计特色

采用编梁式构造的北涧桥，气势如虹。桥屋也是廊桥工匠们精心构作的重要部位。在拱架上建廊屋，从功用来讲，增加了桥拱的压力，使之更稳固；也起到了防护风雨的作用。同时，桥屋各部位的艺术处理，如屋檐形式的多样化以及屋脊装饰等，增加了桥梁的整体美感效果。而其采用的建桥工艺，桥基部分不用一钉一铆，仅依靠木头互相牵扯的结构力量来保持平衡与稳定，这一点向来为桥梁专家、力学专家所称道。风雨板上的红色运用得非常好，艳而不俗，从中可见匠人手工的精巧。红色的运用使北涧桥整体色彩有别于周围呈绿色的自然环境，突出了廊桥的主体地位。更重要的是这种贴切的红又能与周围环境的自然色彩融合起来，可谓相得益彰。北涧桥的风雨板虽然施加了颜色，廊屋的柱架却保持原木本色，天然且朴素。桥屋的大部分石质附件也没有太多雕琢，给人以清水出芙蓉、天然去雕饰的清新感。

【史海拾贝】

北涧桥原来建在现桥上游约五十米处，现仍存旧桥遗址，当年为木平廊桥。桥下有三块岩石，村民们说那是三只龟，守护着村落的水口。平桥毁掉后，族人在下游改建木拱桥（即现今北涧桥），首事是陈汝昌、林友卿和僧明灯三位。关于原来的木平廊桥为什么会毁掉，其中有一个故事。四百年前的一日，有两个云游天下的仙翁，路过泗溪北涧桥，看见这里山清水秀，景致好，两人就在桥上摆下棋盘，一边赏景、一边下棋。一会儿，一个老太婆带着一个名叫知周的孩子，要过桥，她对两位仙翁说："请两位客人行个方便，让我和知周过桥吧！" 两个仙翁听说那七八岁的孩子叫知州（周），觉得好笑，放下棋子站起身来。有个仙翁顺口念了一首诗："八十婆婆不知羞，小小孩童做知州。此孩若有知州做，北涧桥上水漂流。"老太婆听了仙翁的取笑，羞得抬不起头来。古话说，"欺负竹脑，莫欺负笋卵（刚出土的笋）。"十多年过后，那个名叫知周的孩子当真做了知州。就在他当知州的那年冬天，泗溪一带下了一场连天大水，把北涧桥冲走了。没了桥，过溪不方便。康熙十三年（1674 年），下桥村人在北涧桥原址附近的地方，重建了一条木拱桥，这就是现在人们看到的这条北涧桥。

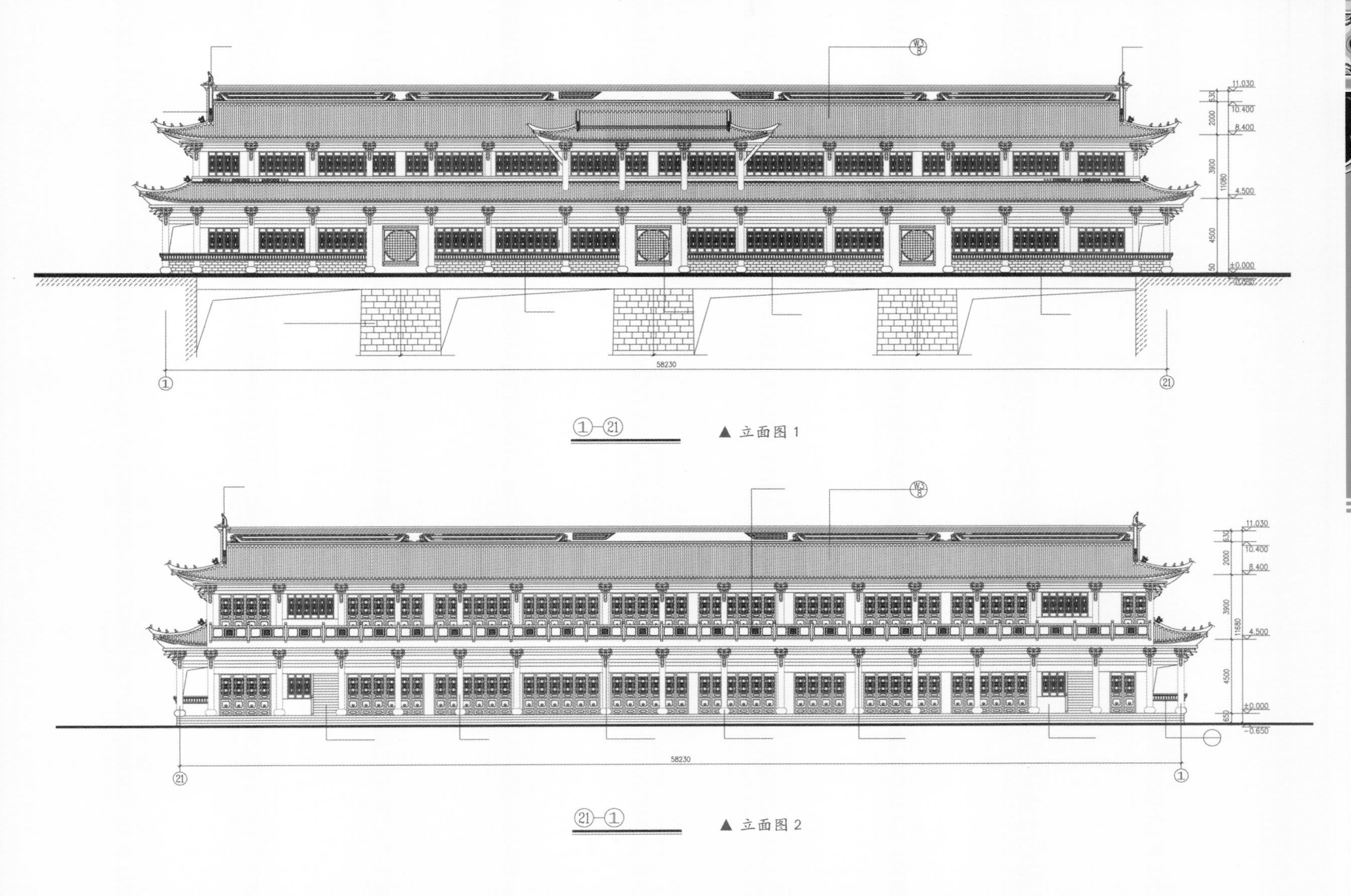

①—㉑ ▲ 立面图 1

㉑—① ▲ 立面图 2

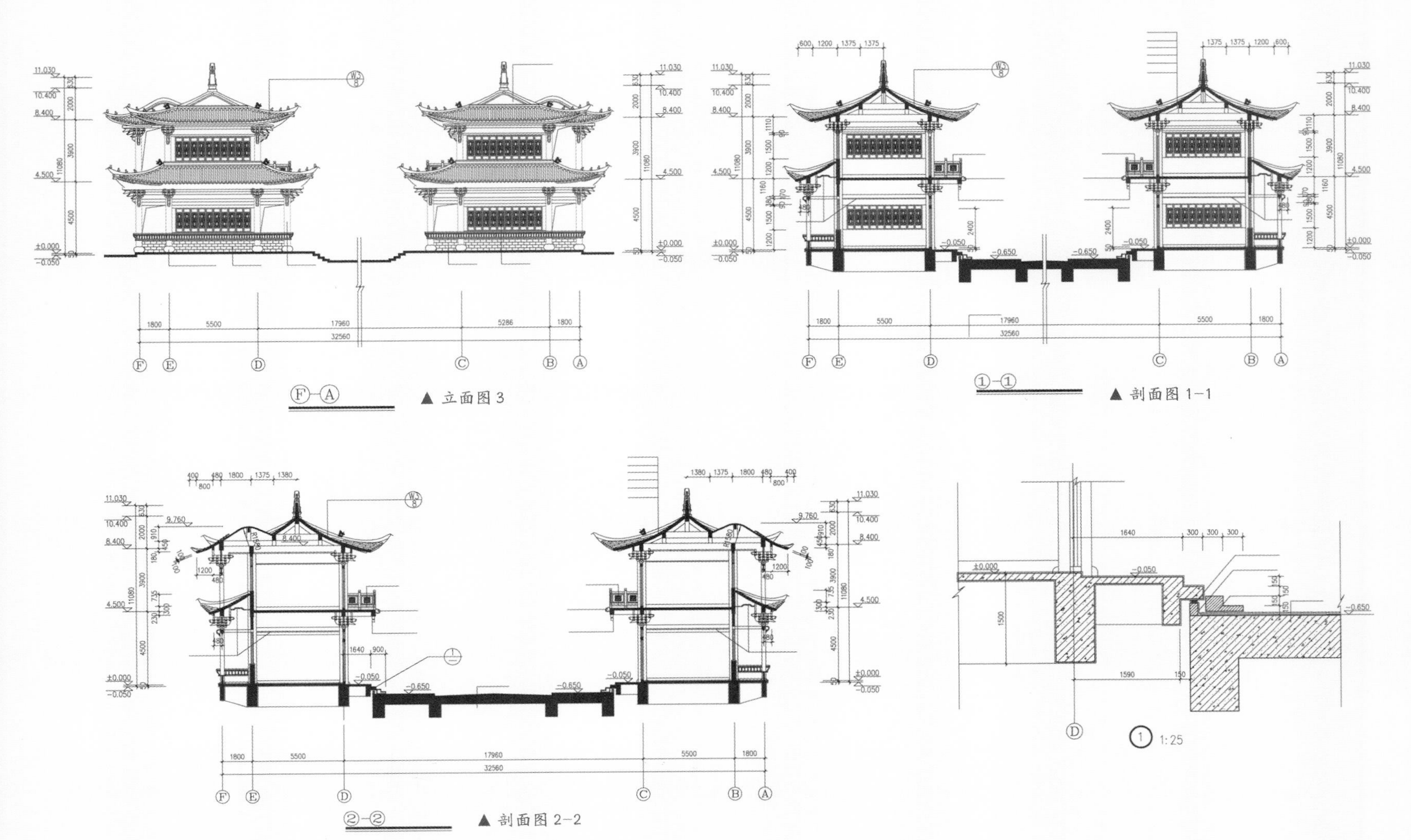

Ⓕ—Ⓐ ▲ 立面图 3

①—① ▲ 剖面图 1-1

②—② ▲ 剖面图 2-2

全国重点文物保护单位
泰顺廊桥
文兴桥

广西独洞乡
岜团桥

村头寨尾保风水
神灵镇桥护村寨
人畜分道风雨桥
能工巧匠应犹在

岜团桥

岜团桥是座造型独特的人畜分道风雨桥，它是桂中地区仅存的两座国家级重点保护文物之一，具有很高的历史意义和价值。该桥造型庄重典雅，结构独特，亭阁的瓦檐层迭，檐角高翘，具有浓厚的民族特色和强烈的艺术感染力，是侗族建筑艺术的珍品。其支书角重檐，几十株参天珍贵树种五针松荫护桥头，桥与山水及侗寨风光紧紧相连，与山水及侗寨构成了一幅令人流连忘返的风景图。

历史文化背景

岜团桥，亦称岜团风雨桥，坐落在广西壮族自治区三江侗族自治县独洞乡岜团寨旁的孟江河上，距县城 38 千米，规模略小于程阳桥。该桥始建于清光绪二十二年（1896 年），建成于清朝宣统二年（1910 年）。桥长 50 米，桥台间距为 30.14 米，二台一墩，两孔三亭，结构形式与程阳桥相似，不同之处是在人走的长廊边另设畜行道小桥，成为双层木桥，两层高差为 1.5 米。它在木桥立体功能分工方面属国内外首创，与现代的双层立交桥有异曲同工之妙，被誉为“古今中外，独一无二”的民间桥梁建筑的典范。

2001 年 06 月 25 日，岜团桥作为清代古建筑，被国务院公布为第五批全国重点文物保护单位。

建筑布局

岜团桥很注重利用地形地物，桥的西岸只有一条向南通道；而东岸向东、向北各有一条乡道。工匠们就在东岸桥头置两个出入口，并设桥阁使两个出入口相通；而西岸南出入口则顺应道路方向与桥轴构成 80 度转角，前置桥门牌坊。这座桥的另一个特点是由两位侗族梓匠所建，各从一头建去，各有风格，却浑然天成地统一在整体中。

设计特色

该桥造型庄重典雅，结构独特，亭阁的瓦檐层迭，檐角高翘，具有浓厚的民族特色和强烈的艺术感染力，是侗族建筑艺术的珍品。该桥支书角重檐，几十株参天珍贵树种五针松荫护桥头，桥与山水及侗寨风光紧紧相连，与山水及侗寨构成了一幅令人流连忘返的风景图。

【史海拾贝】

至于岜团桥的来历，还有一个故事：岜团寨有一位漂亮的侗妹，本寨的一名木匠和外地的一名木匠同时看上了她，就决定比试定高下。比什么呢？木匠自然是比修桥。两名木匠各自从河的一头开始修桥，直到中间桥墩合拢，再由村里的长者评定高低。最后是本地的木匠技高一筹，娶走了那位侗妹。实际上，建造岜团桥的两位民间工匠是岜团、平流两村的吴金漆、石含章，建桥时他们没有图纸，也不用一棵铁钉，只用几根竹杆作测量工具，整座桥的结构全凭记忆。一人从左边建，另一人从右边造，最后在中间天衣无缝地连接起来。桥建得异常坚实牢固，尽管百年来人畜踩踏行走，以及多次遇到山洪冲击，却始终安然无恙。当地制作建筑模型的能工巧匠说：“我们经常制作其他风雨桥模型，唯独很少制作岜团桥模型，因为它的建筑技艺实在太高超复杂了。”岜团桥营造技艺之绝伦，由此可见一斑。

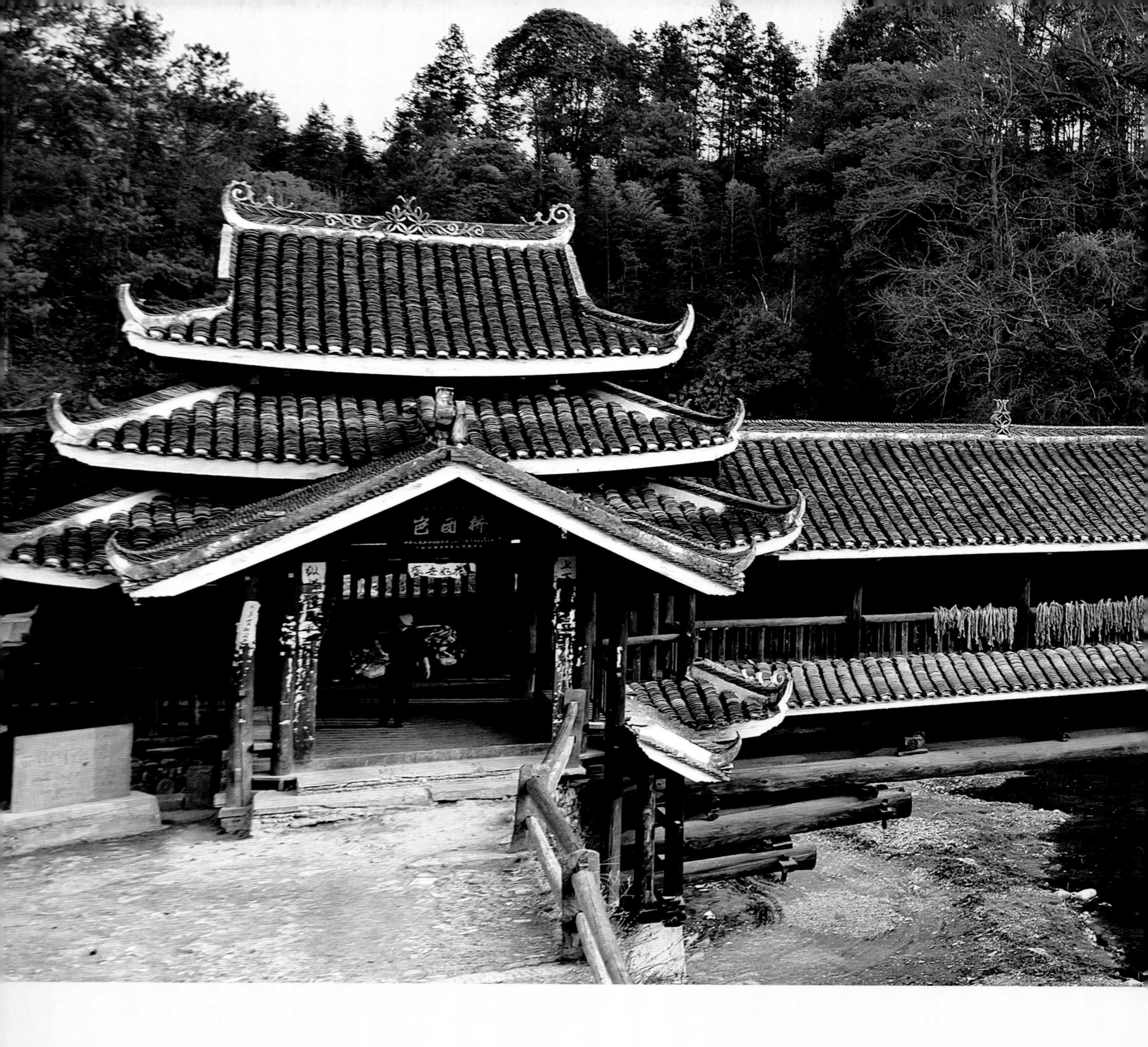

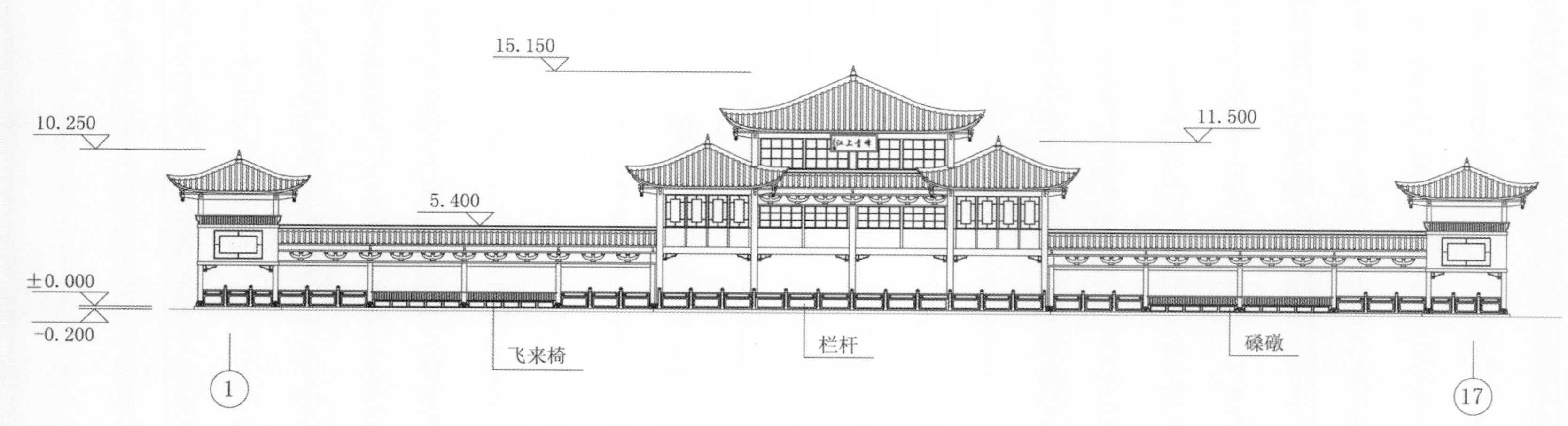
15.150
10.250
11.500
5.400
±0.000
-0.200
飞来椅
栏杆
磉礅
1
17

▲ 立面图 2　1:300

▲ 1-1 剖面图 1:100

▲ 2-2 剖面图 1:100

▲ 3-3 剖面图 1:100

▲ 4-4 剖面图 1:100

全国重点文物保护单位
芭团桥
中华人民共和国国务院二〇〇一年六月廿五日公布
广西壮族自治区人民政府立

贵州黎平县

地坪风雨桥

黎平风雨桥
风雨几十载
洗濯尘与霜
古瓦依旧在

风雨桥

风雨桥把地坪乡上寨村和下寨村连接起来，做工精致，美轮美奂。桥中有楼，楼中有廊，廊中有画。桥楼脊上与犄角，分别塑着鸳鸯鸾凤与珍禽异兽。穿过花桥，桥廊两侧，有一米高的梳齿栏杆，栏杆外又有一层挑檐，桥内有连通板凳；桥顶花板，绘有各种侗族风情人物故事、山水、花木、动物等彩画。

历史文化背景

地坪风雨桥位于贵州省黎平县地坪乡，俗称花桥，是侗乡建筑中的精彩之笔。它始建于清光绪八年(1882年)，历史上曾多次修葺。1959年毁于火，1964年县人民政府拨款重建，1966年遭破坏，1981年，贵州省人民政府和黎平县人民政府再次拨款修葺，修复了原貌。由于地坪风雨桥具有重要的历史、科学和艺术价值。1982年贵州省人民政府公布为省级重点文物保护单位，2001年经国务院批准公布为全国重点文物保护单位。2004年夏，上游连降大雨，地坪风雨桥部分冲毁。2008年8月18日重新建成。

建筑布局

侗族自古以来临水而居。为了行走便利，地坪风雨桥建在寨河的下游。据说如此可以将从上游流来的福气好运拦聚到寨里。侗家人对桥址的选择是十分讲究的。侗族将山脉、河流视为“龙脉”，认为“龙嘴”是安寨的最佳地点，而风雨桥是用来贯龙脉、导龙气、领水口、存财气的。这中间就包含着侗家人祈愿自己的民族家族生存兴旺发达的潜意识。

桥长57.61米，宽5.2米，该桥横跨南江河之上，桥身距正常水位10.75米，河中立一青石桥墩支撑木梁结构的桥身，其下部有两排各为八根粗大的杉木穿榫连成一体，架通两岸。杉木大梁上平铺杉木桥板，二十多排圆柱，用枋木交织，压排穿榫连接成一体，形成长廊，桥廊两侧设1米高的梳齿栏杆。栏杆下面有一层外挑1.4米的大桃檐，既美化了桥身，又可保护下面木构件免于雨淋。桥廊内设有长凳，即可便利行人通往，又可供行人小憩避雨、乘凉、会友、迎宾送客和观赏风景，是一种多功能的侗族建筑。

设计特色

地坪风雨桥造型优美，构造奇特，被誉为“侗民族的建筑奇葩”。杉木大梁上平铺杉木桥板，二十多排圆柱，用枋木交织，压排穿榫连接成一体，形成长廊，桥廊两侧设1米高的梳齿栏杆。桥上建三座桥楼，中楼形似鼓楼，五重檐四角攒尖顶，被称为桥上鼓楼，高10.2米，两端桥楼为三重檐四角歇山顶，高5.8米。

桥廊顶脊上彩塑双龙抢宝、鸾凤展翅、鸳鸯比翼等图形，楼廊翼角彩塑各种珍禽异兽图形，楼顶天花板彩绘龙凤鹤牛等纹样，廊宇内侧檐下承板，彩绘历史人物故事、侗胞生产生活情景，山水、花草等壁画；中楼四柱浮雕金龙绕柱，桥头门柱镌刻楹联，其余柱子髹涂朱漆。各处雕塑、绘画无不形象生动，色彩鲜明。楼、廊的屋脊和各层构檐口涂抹白垩，与青瓦屋面相映衬，显得层次分明。

整座花桥结构巧妙，运用杠杆力学原理，大小柱、枋、檩、凳、栏杆，全部用杉木穿榫构成，不用一钉一铆。建筑造型优美，结构严谨，工艺精湛，雄伟壮观，造型结构居全国之首，展示了侗族建筑艺术的独特风格，为侗族人民的智慧结晶。

【史海拾贝】

古老的时候，有个小山寨里的后生，名叫布卡，娶了个妻子，名叫培冠。夫妻两人十分恩爱，几乎形影不离。有一天早晨，河水突然猛涨。布卡夫妇急着去西山干活，当他们走到桥中心时，忽然刮来一阵大风，把培冠刮倒并跌落到河中。布卡马上一头跳进水里去救妻子。可是，来回找了几圈都没有找到。乡亲们也纷纷赶来帮助他寻找，找了很长时间，还是找不到培冠。原来河湾深处有一个螃蟹精，把培冠卷进河底的岩洞里去了。这时风雨交加，浪涛滚滚，只见浪头里一条花龙，昂首东张西望。龙头向左望，浪头就向左打，左边山崩；龙头向右看，浪头往右冲，右边岸裂。小木桥早已被浪涛卷走了。众人胆战心惊。可是花龙来到布卡的沙滩边，龙头连点几下浪涛就平静了。随后，花龙在水面上打了一个圈，向河底冲去。花龙制服了黑螃蟹，救出了培冠。最后，花龙把螃蟹精镇压在离河湾不远的一块螃蟹形的黑石头里面。这块石头，后人称它为螃蟹石。大家都很感激花龙。这件事很快传遍了整个侗乡。百姓们便把靠近水面的小木桥改建成空中长廊似的大木桥，还在大桥的四条中柱刻上花龙的图案，祝愿花龙常在。空中长廊式的大木桥建成以后，举行了隆重的庆贺典礼，非常热闹。因此后人称这种桥为回龙桥。有的地方也叫花桥，又因桥上能避风躲雨，所以又叫风雨桥。

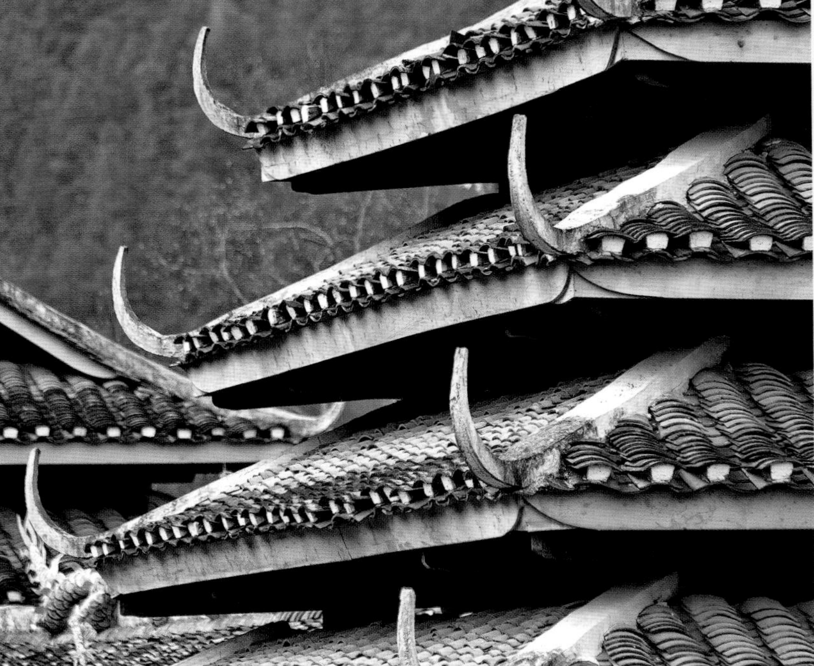

参考资料

[1] 陈从周 . 中国园林鉴赏辞典 [M]. 上海：华东师范大学出版社，2001.

[2] 陈从周 . 说园 [M]. 上海：同济大学出版社，1984.

[3] 曹林娣，许金生 . 中日古典园林文化比较 [M]. 北京：中国建筑工业出版社，2004.

[4] 段宝林，江溶 . 山水中国 —— 苏沪卷 [M]. 北京大学出版社，2006.

[5] 何镜堂 . 基于“两观三性”的建筑创作理论与实践 [J]. 华南理工大学学报（自然科学版），2012(10).

[6] 孔德喜 . 图说中国私家园林 [M]. 北京：中国人民大学出版社，2008.

[7] 潘谷西 . 中国建筑史 [M]. 北京：中国建筑工业出版社，2009.

[8] 彭一刚 . 中国古典园林解析 [M]. 北京：中国建筑工业出版社，1986.

[9] 秦新生，郑明轩，庄雪影，陈红锋等 . 东莞园林植物及其应用现状研究 [J]. 广州：广东园林，2011,（5）.

[10] 蓝先琳 . 中国古典园林大观 [M]. 天津：天津大学出版社，2003.

[11] 刘晓惠 . 文心画境 [M]. 北京：中国建筑工业出版社，2002.

[12] 刘敦桢 . 苏州园林 [M]. 北京：中国建筑工业出版社，1979.

[13] 流庭冈 . 中国古园林之旅 [M]. 北京：中国建筑工业出版社，2004.

[14] 罗哲文 . 中国古园林 [M]. 北京：中国建筑工业出版社，1999.

[15] 苏州园林设计院 . 苏州园林 [M]. 北京：中国建筑工业出版社，2004.

[16] 汤国华 . 东莞“可园”热环境设计特色 [J]. 广州：广东园林，1995,（4）.

[17] 田学哲，郭逊 . 建筑初步 [M]. 北京：中国建筑工业出版社，2010.

[18] 周苏宁 . 苏州古典园林 [M]. 上海：上海世界图出版公司，2008.

[19] 周谊 . 文人园林建筑 [M]. 北京：中国建筑工业出版社，2010.

[20] 周维权 . 中国古典园林史（第三版）[M]. 北京：清华大学出版社，2010:673-674.

[21] 宗白华等 . 中国园林艺术概观 [M]. 南京：江苏人民出版社，1987.

[22] 张文英 . 风景园林规划设计课程中创造性思维的培养 [J]. 北京：中国园林，2011，(2).

索引

秦汉时期

浙江杭州西湖

始建于秦汉时期

重修于唐建中二年九月（781年）——唐长庆二年十月（822年）——吴越国（907~960年）——北宋元祐五年（1090年）——明弘治十六年（1503年）——明万历三十五年（1607年）——清雍正五年（1727年）——清嘉庆五年（1800年）

P276

1045年

江苏苏州沧浪亭

始建于北宋庆历五年（1045年）

重修于清嘉靖二十五年（1546年）——清康熙三十四年（1695年）——清同治十二年（1873年）

P154

1342年

江苏苏州狮子林

始建于元至正二年（1342年）

重修于明万历十七年（1589年）——清乾隆三十六年（1771年）

P108

1509年

江苏苏州拙政园

始建于明正德四年（1509年）

重修于明崇祯四年（1631年）——清康熙十八年（1679年）——清乾隆三年（1738年）——清嘉庆十四年（1809年）——清光绪三年（1877年）——1951年

P136

1522年~1566年

江苏苏州留园

始建于明嘉靖年间（1522~1566年）

重修于清乾隆五十九年（1794年）——清嘉庆三年（1798年）——清同治十二年（1873年）——清光绪二年（1876年）——1953年

P122

1559年

上海豫园

始建于明嘉靖己未年（1559年）

重修于明朝末年——清乾隆二十五年（1760年）——1956年

P164

1607年

广东顺德清晖园

始建于明万历三十五年（1607年）

重修于清嘉庆年间——民国初年

P228

1674年

浙江温州泰顺北涧桥

始建于清康熙十三年（1674年）

重修于清嘉庆八年（1803年）——清道光二十九年（1849年）

P296

1703年~1713年

河北承德避暑山庄

始建于清康熙四十二年（1703年）——清康熙五十二年（1713年）

重修于清乾隆六年（1741年）——清乾隆十九年（1754年）

P56

1750年

北京颐和园

始建于清乾隆十五年（1750年）

重修于清光绪十二年（1886年）

P20

1750年

西藏拉萨罗布林卡

始建于18世纪中叶

重修于1922年——1954年

P86

清代嘉庆年间

广东广州宝墨园

始建于清嘉庆年间

重修于1995年

P188

清嘉庆、道光年间

广东佛山梁园

始建于清嘉庆、清道光年间

重修于1984年——1994年

P260

1850年~1858年

广东东莞可园

始建于清道光三十年（1850年）——咸丰八年（1858年）

P246

1864年~1869年

广东广州余荫山房

始建于清同治三年（1864年）——同治八年（1869年）

P212

1882年

贵州黎平县地坪风雨桥

始建于清光绪八年（1882年）

重修于1964年——1981年

P316

1896年~1910年

广西独洞乡岜团桥

始建于清光绪二十二年（1896年）——清宣统二年(1910年)

P306

图书在版编目（CIP）数据

中国古建全集．园林建筑 / 广州市唐艺文化传播有限公司编著．-- 北京：中国林业出版社，2016.9

ISBN 978-7-5038-8176-3

Ⅰ．①中… Ⅱ．①广… Ⅲ．①古典园林－建筑艺术－中国 Ⅳ．① TU-092.2

中国版本图书馆 CIP 数据核字 (2015) 第 242229 号

中国古建全集　园林建筑

编　　著　广州市唐艺文化传播有限公司
责任编辑　纪　亮　王思源
策划编辑　高雪梅
流程编辑　黄　姗
文字编辑　张　芳　王艳丽　许秋怡
装帧设计　肖　涛

出版发行　中国林业出版社
出版社地址　北京西城区德内大街刘海胡同 7 号，邮编：100009
出版社网址　http://lycb.forestry.gov.cn/
经　　销　全国新华书店
印　　刷　北京利丰雅高长城印刷有限公司

开　　本　245mm×325mm
印　　张　20.5
版　　次　2016 年 9 月第 1 版
印　　次　2016 年 9 月第 1 次印刷

标准书号　ISBN 978-7-5038-8176-3
定　　价　339.00 元（精）
全套定价　3500.00 元（精）（10 册）